"十四五"国家重点出版物出版规划项目

"心理学视野中的突发重大公共安全事件应急管理"丛书 | 总主编　游旭群

国家出版基金项目
NATIONAL PUBLICATION FOUNDATION

突发重大公共安全事件
行为引导

兰继军　等　编著

浙江教育出版社·杭州

图书在版编目（ＣＩＰ）数据

突发重大公共安全事件行为引导 / 兰继军等编著
. -- 杭州：浙江教育出版社，2024.5
（心理学视野中的突发重大公共安全事件应急管理 /
游旭群主编）
ISBN 978-7-5722-7284-4

Ⅰ. ①突… Ⅱ. ①兰… Ⅲ. ①公共安全－突发事件－
安全管理－研究 Ⅳ. ①D035.29

中国国家版本馆 CIP 数据核字(2023)第 248207 号

突发重大公共安全事件行为引导

兰继军　等　编著

出版发行	浙江教育出版社
	（杭州市环城北路 177 号　电话：0571－88909719）
丛书策划	吴颖华
责任编辑	何　理　冯　英
美术编辑	韩　波
责任校对	何　奕
责任印务	陈　沁
营销编辑	滕建红
封面设计	观止堂＿未氓
图文制作	杭州天一图文制作有限公司
印　　刷	浙江海虹彩色印务有限公司
开　　本	710mm×1000mm　1/16
印　　张	17.75
插　　页	5
字　　数	256 000
版　　次	2024 年 5 月第 1 版
印　　次	2024 年 5 月第 1 次印刷
标准书号	ISBN 978-7-5722-7284-4
定　　价	60.00 元

总　序

　　党的二十大报告指出："我们要坚持以人民安全为宗旨、以政治安全为根本、以经济安全为基础、以军事科技文化社会安全为保障、以促进国际安全为依托，统筹外部安全和内部安全、国土安全和国民安全、传统安全和非传统安全、自身安全和共同安全，统筹维护和塑造国家安全，夯实国家安全和社会稳定基层基础，完善参与全球安全治理机制，建设更高水平的平安中国，以新安全格局保障新发展格局。"特别是要着力健全国家应急管理体系，建立大安全大应急框架，加强国家区域应急力量建设。在这个过程中，心理建设是必不可少的重要方面。人民是应急管理工作关键的出发点和落脚点，而心理学则可以有效帮助我们更好地理解人民、服务人民。基于此，本套"心理学视野中的突发重大公共安全事件应急管理"丛书通过《突发重大公共安全事件应急管理心理学导论》《突发性公共事件中的心理管理》《突发重大公共安全事件应急管理中的社会公共安全文化建设》《突发重大公共安全事件行为引导》《重大公共安全事件中的风险感知与决策》《突发重大公共安全事件中的心理援助》六个分册，阐述心理学在推进国家安全体系和能力现代化建设、维护国家安全和社会稳定中的重要作用。

　　《突发重大公共安全事件应急管理心理学导论》分册基于总体国家安全观的思想指导，系统探讨应急管理心理学这一核心议题，特别是对突发重大公共安全事件应急管理中涉及的心理学关键性问题、标志性概念、前沿研究进展和先进管理实践，以及我国应急管理体系所面对的挑战和心理学在其中可发挥的作用等方面进行详细介绍。此分册从心理学的角度，为中国特色应急管理工作提供方式方法上的参考，为民众认知和应对突发重大公共安全事件提供知识经验上的支撑，为应急管理科学研究如何更好地服务于国家和人民提供思维思想上的启迪，进而促进我国社会治理水平高质量发展。

《突发性公共事件中的心理管理》分册是基于长期聚焦当代管理以人为本的价值思潮和未来学科发展与管理实践需求，逐渐形成的心理管理学思想向社会治理领域的延伸和推广，分不同专题论及突发性公共事件中普遍存在的社会心理现象之现状、成因、后果及对策。此分册的"总论"阐述基本理论观点及总体构想；"动机管理篇"分两章，分别探讨"价值取向管理"和"效用心理管理"问题；"认知管理篇"分两章，分别探讨"风险与决策心理管理"和"博弈心理管理"问题；"情绪管理篇"分两章，分别探讨"应激心理管理"和"心理安全感管理"问题；"社会心理管理篇"分两章，分别探讨"社会情绪管理"和"社会心态管理"问题。我们冀望此分册提供的观点、构建的体系和论述的内容能够对突发性公共事件乃至非此类事件中人们的心理管理起到抛砖引玉之效，为个人、组织和国家提供有科学依据的、系统的心理管理对策与方法，服务于社会心理服务体系建设，在重构和升级人们的认知及心智模式，逐渐达到"自尊自信、理性平和"之目标的进程中贡献一份力量。

《突发重大公共安全事件应急管理中的社会公共安全文化建设》分册立足社会重大风险管理中的公共安全事件，将行业安全文化提升到社会公共安全文化的范畴，围绕气候环境风险、社会风险事件和人为因素风险，梳理突发重大公共安全事件与社会公共安全文化之间的关系。此分册结合中国文化特征，从社会组织层面和个体成员角度，系统阐述社会公共安全文化的内涵、理论基础以及对社会重大公共安全事件的影响；从安全政策、安全管理、安全氛围以及安全文化机制角度，重点分析政府在社会公共安全文化中扮演的角色和引导机制；同时，还从安全态度、安全意识、安全价值、安全行为角度，揭示个体成员对社会公共安全文化的认知机制，阐明社会公共安全文化的评估方法及反馈机制。基于以上论述和分析，提出突发重大公共安全事件风险管理中的社会公共安全文化建设策略。此分册从心理学视角阐述社会重大风险管理中的社会公共安全文化，分析和揭示社会心理学中群体社会风险感知的形成机制和基于社会层面的公共安全文化的作用机理，从学术价值领域拓展和完善了社会风险管理相关理论。此分册的核心思想和观点可为社会重大风险动态评估、群体社会心理行为以及社会舆情的正确引导与管理提供理论依据和技术手段，对于政府在突发重大公共安全事件风险管理中科学高效地发挥社会职能具有重要意义。

《突发重大公共安全事件行为引导》分册根据提高公共安全治理水平，推动公共安全治理模式向事前预防转型的总体要求，及时有效地对卷入重大公共安全事件的群体及其行为进行干预、引导，加强社会公众应对重大公共安全事件的综合能力，对于减轻、消除突发事件引起的社会危害，迅速恢复社会秩序，避免群众的非理性行为引发更大的社会危机具有重要作用。为给突发重大公共安全事件中的公众提供行为引导策略，此分册从多学科视角出发，立足管理学、心理学、行为科学、安全科学领域，以"理论—机制—策略—体系"为脉络，积极回应现实需求。此分册将公众行为引导贯穿始终，各部分内容相互关联，层层递进，全景式展示突发公共安全事件中公众的行为引导策略。具体而言，此分册首先概述突发重大公共安全事件行为管理的意义、影响因素与相关政策，便于读者全面理解行为引导在应对突发重大公共安全事件中的重要性；其次，根据管理学与心理学相关理论，为突发重大公共安全事件的行为管理提供丰富的理论基础；再次，基于个体与群体在面对突发重大公共安全事件时的心理、行为与动机反应机制，对卷入突发重大公共安全事件的社会公众普遍会出现的心理应激反应、行为规律与潜在行为动机进行系统分析；之后，着重提出突发重大公共安全事件中行为引导的具体策略，分别从重大公共安全事件发展的时间进程、行为空间与地区差异视角，根据不同主体的特点，探讨适用于普通大众与残障人士的不同行为引导策略；最后，提出构建宏观、系统的行为管理制度与行为引导体系的建议，对于完善国家应急管理体系具有重要意义。

《重大公共安全事件中的风险感知与决策》分册尝试总结近年来国际和国内重大公共安全事件中风险感知与决策领域的理论和实证研究，旨在帮助读者理解重大公共安全事件中民众风险感知与决策的特征及影响因素，并为如何应对重大公共安全事件提供建议和政策参考。此分册结合历史上的重大公共安全事件，介绍个体和群体的不同风险感知特点对其风险决策的影响，共八章。第一章是概述，主要介绍重大公共安全事件中的风险与风险感知，以及风险决策的定义、特征和影响；第二章介绍重大公共安全事件中的信息传播与风险感知，结合案例，分析信息传播对风险感知的影响；第三章结合跨文化研究的成果，介绍文化差异对风险感知的影响；第四章和第五章分别从个体和群体层面，阐述风险偏好和团体决策在重大公共安全事件中对风险决策的影响；第六章和第七章总结重大公共安全事件中的风险决策机制及模型；第八章对重大公共安全事件中的风险决策管理进行讨论。此分册注重理论与实践相结合，既有深入的理论探讨，又有丰富的实践案例。

《突发重大公共安全事件中的心理援助》分册紧扣经济社会发展重大需求，基于学术研究成果与实操经验撰写而成。突发重大公共安全事件中的心理援助，是指在突发重大灾难中或者灾难发生后，心理或社会工作人员在心理学理论的指导下，对由灾害引起的各类心理困扰、心理创伤，有计划、有步骤地进行干预，使之朝着预期的目标转变，进而使被干预者逐渐恢复到正常心理状态的一切心理援助的过程、途径和方法。总体而言，我国突发重大公共安全事件中的心理援助具有政府与非政府机构并重、针对性与广泛性并存、共通性与文化特色并行等特点，对于维护个体和群体的心理健康、保障公共安全和社会稳定具有重大意义。此分册分析突发重大公共安全事件中心理援助的概念、特征与类型；介绍心理学、管理学等相关学科领域的心理援助理论模型；梳理开展心理援助的组织架构与实施体系；从认知—情感—行为、个体—群体、时间—空间、临床—非临床四个维度，探讨突发重大公共安全事件中的心理行为效应；说明开展心理援助的基本流程、常用模式与主要途径；以国内外典型突发重大公共安全事件为背景，总结心理援助工作实务方面的经验与不足。此分册内容兼具学理性与务实性，既注重实证分析，又注重人文关怀，为推进心理援助相关研究提供了有价值的参考，对于开展心理援助实践具有重要的指导意义。

总的来说，确保人民群众生命安全和身体健康是中国共产党治国理政的一项重大任务。特别是在面对突发重大公共安全事件时，党中央强调要发挥我国应急管理体系的特色和优势，借鉴国外应急管理的有益做法，积极推进我国应急管理体系和能力现代化建设。本套丛书正是依托心理学服务于国家和社会现实需求的重要学科能力，系统总结国内外应急管理心理学领域先进的知识、经验，力图实现心理学与其他多学科合力解决中国现实问题的重大学科发展目标。不足之处，还望大家批评指正！

游旭群

2023 年 12 月于西安

前　言

公共安全关乎国计民生，是人类社会发展的必要条件。进入21世纪以来，全球性突发重大公共安全事件层出不穷。随着全球经济一体化进程的加快，人类征服自然、发展经济，导致全球气候变暖，自然灾害频发，群体性社会安全事件日益增多，公共卫生事件的发生与传播范围也逐渐扩大，各类重大公共安全事件已经由偶发向频发转变，这对社会造成了严重的威胁。党的二十大报告提出："提高公共安全治理水平。坚持安全第一、预防为主，建立大安全大应急框架，完善公共安全体系，推动公共安全治理模式向事前预防转型。推进安全生产风险专项整治，加强重点行业、重点领域安全监管。提高防灾减灾救灾和重大突发公共事件处置保障能力，加强国家区域应急力量建设。强化食品药品安全监管，健全生物安全监管预警防控体系。加强个人信息保护。"这对重大公共安全事件中的应急处置与公众行为管理提出了新要求。社会公众不仅是重大公共安全事件的直接受威胁对象，同时也是参与社会治理和应对重大公共安全事件的主体。公众行为具有复杂多变的特点。及时有效地对卷入到重大公共安全事件中的群体及其行为进行干预与引导，提高社会公众应对重大公共安全事件的综合能力，对于减轻、消除重大事件引起的社会危害，迅速恢复社会秩序，避免群众的非理性行为引发更大的社会危机具有重要作用。

为给重大公共安全事件中的公众提供行为引导策略，本研究团队从多学科视角出发，立足管理学、心理学、行为科学、安全科学领域，以"理论—机制—策略—体系"为脉络，完成了《突发重大公共安全事件行为引导》一书，以回应现实需求。

本书在撰写过程中将公众行为引导贯穿始终，各部分内容相互关联，层层递进，全景式展示了重大公共安全事件下公众的行为引导策略。

第一章，介绍了重大公共安全事件行为管理的概念、意义与现实需要、影响因素与相关政策，让读者全面理解行为引导在应对重大公共安全事件中的重要性。

第二章，从管理学与心理学视角出发，为重大公共安全事件的行为管理提供了丰富的理论基础。

第三、四、五章，对个体与群体在面对重大公共安全事件中的心理、行为与动机反应进行了充分的机制分析。此部分内容是读者理解、运用行为引导策略的基础，是对卷入重大公共安全事件中的社会公众普遍会出现的心理应激反应、行为规律与潜在行为动机的客观阐述。

第六、七章，着重提出重大公共安全事件中行为引导的具体策略。其中第六章以重大公共安全事件发展的时间进程、行为空间差异为切入点；第七章则划分了不同的承受主体，探讨了适用于普通大众、网民与残障人群的不同行为引导策略。

第八、九章，承接前面章节的内容，并在此基础上构建更加宏观、系统的行为管理制度与行为引导体系，这对于完善国家应急管理体系具有重要意义。

本书具有以下特点：①新颖性。根据社会公众的普遍思维模式，采取理论先行方式，系统地剖析了重大公共安全事件中公众的心理反应与行为规律，继而提出可操作的行为引导策略，最终完善行为管理制度，构建行为引导组织体系。②指导性。密切结合实践，从实际出发，结合较多的典型案例，更加有助于读者理解，能够有效教会读者如何进行自我行为引导，来解决实际问题，具有指导意义。③可读性。本书在编写过程中，从内容到框架都进行了清晰的梳理，提出了更加全面、系统的行为引导策略与实施路径。

本书各章编写人员分工如下：第一章，贾兆娜、邓鑫；第二章，兰继军、阚越粹；第三章，阚越粹；第四章，郭喜莲、车翔；第五章，贾兆娜、刘赛芳、金利达；第六章，杨瑞；第七章，兰继军、吕娜娜、种芫；第八章，兰继军、石润泽；第九章，兰继军、王卓、吕娜娜。胡文婷、陈慧媛、纪元等参与了书稿审阅，韩晓茜、杨子萱协助进行了文字校对工作。

本书适合作为从事心理学、管理学与行为科学研究的专业人员的指导用书，也可面向社会大众，帮助其在面对重大公共安全事件时稳定心态，进行恰当的自我应急处置。总之，本书在公众行为引导方面做了一些探索，力图为提高公共安全治理水平和重大公共安全事件应急处置能力，进而完善国家应急管理体系提供借鉴。

兰继军

2023 年 7 月 28 日

目 录

第一章
重大公共安全事件行为管理概述

进入 21 世纪后，重大公共安全事件频发，对社会造成了很大的影响。因此通过对公共安全事件中的行为进行管理具有重要意义与现实需要。了解公共安全事件中行为管理的影响因素及相关政策，可以对公共安全事件进行更快速、更有效的行为管理。

第一节　重大公共安全事件行为管理的概念

随着社会的发展，科学技术突飞猛进，人类应对安全威胁的能力和水平获得了快速的提高，公共安全、公共安全事件以及行为管理的概念也在不断地发生变化，影响着人们对重大公共安全事件行为管理概念的理解。

一、公共安全的定义

党的二十大报告提出："提高公共安全治理水平。坚持安全第一、预防为主，建立大安全大应急框架，完善公共安全体系，推动公共安全治理模式向事前预防转型。推进安全生产风险专项整治，加强重点行业、重点领域安全监管。提高防灾减灾救灾和重大突发公共事件处置保障能力，加强国家区域应急力量建设。强化食品药品安全监管，健全生物安全监管预警防控体系。加强个人信息保护。"安全需要作为人类最本能、最基本的需要，加强公共安全，有助于提升公民的安全感、幸福感、获得感。

在2014年举行的中央国家安全委员会第一次全体会议上，习近平总书记首次正式提出了"总体国家安全观"的理念。贯彻落实总体国家安全观，必须既重视外部安全，又重视内部安全；既重视国土安全，又重视国民安全；既重视传统安全，又重视非传统安全，构建集政治安全、国土安全、军事安全、经济安全、文化安全、社会安全、科技安全、信息安全、生态安全、资源安全、核安全等于一体的国家安全体系；既重视发展问题，又重视安全问题，发展是安全的基础，安全是发展的条件；既重视自身安全，又重视共同安全，打造命运共同体，推动各方朝着互利互惠、共同安全的目标相向而行。

可见，个人安全逐渐发展为由族群、部落到国家保障，人们可以在安全、有序的环境中和谐地生活与工作，最大限度地避免灾难的发生，形成了从原始社会的个人安全发展到社会人的公共安全。公共安全的形成，一是社会发展到高级阶段的产物，是人类对安全保障的高级需求；二是国家政府部门或机构是公共安全的提供者；三是公共安全并非个体行为，是有组织系统化的安全保障模式。公共安全是指社会和公民个人从事和进行正常的生活、工作、学习、娱乐和交往所需要的稳定的外部环境和秩序。现代公共安全的人类学概念是指公众享有安全、和谐的生活和工作环境以及良好的社会秩序，最大限度地避免各种灾难造成的伤害，从而其生命财产、身心健康、民主权利和自我发展有着安全保障。

二、重大公共安全事件

（一）近年来典型重大公共安全事件

1. 自然灾害

自然灾害主要包括水旱灾害、气象灾害、地震灾害、地质灾害、海洋灾害、生物灾害和森林草原火灾等。

2000年7月份，长江、淮河流域连续遭遇5轮强降雨袭击，受强降雨影响，引发了严重的洪涝灾害。灾害造成安徽、江西、湖北、湖南、浙江、江苏、山东等11省（市）3417.3万人受灾，99人死亡，8人失踪，299.8万人被紧急转移安置，144.8万人需紧急生活救助，3.6万间房屋倒塌，直接经济损失1322亿元。

2008年5月12日，四川省阿坝藏族羌族自治州汶川县发生8.0级大地震，共造成69227人死亡，374643人受伤，17923人失踪，造成的直接经济损失8452亿元。

在应对特大自然灾害中，党和政府始终站在抗灾抢险第一线，总揽全局、协调各方，为抗灾救灾不断取得重大胜利提供了根本保证。

2. 事故灾难

事故灾难主要包括工矿商贸等企业的各类安全事故、交通运输事故、公共设施和设备事故、核辐射事故、环境污染和生态破坏事件等。

2000年12月25日，河南省洛阳市老城区东都商厦发生特大火灾事故，造成309人窒息死亡，7人受伤，直接经济损失275万元。

2002年5月7日，中国北方航空公司执行6136次航班的麦道82型客机从北京飞往大连时，在大连机场东侧约20公里海面失事，造成112人死亡。

2002年6月20日，黑龙江鸡西矿业集团城子河煤矿西二采区发生特大瓦斯爆炸事故，造成124人死亡，24人受伤。

2004年11月21日，中国东方航空云南公司CRJ-200机型B-3072号飞机，执行包头飞往上海的MU5210航班任务，在包头机场附近坠毁，造成55人（包括47名乘客、6名机组人员和2名地面人员）遇难，直接经济损失1.8亿元。

2006年10月1日，重庆市沙坪坝区石门大桥上发生一起特大交通事故。一辆满载乘客的711路公共汽车，途经石门大桥大弯道处，驶向大桥左侧，冲上路沿，撞坏大桥护栏后坠落桥下地面，造成50人伤亡。

2007年8月13日，湖南省凤凰县堤溪沱江大桥发生特别重大坍塌事故，事故造成64人死亡，4人重伤，18人轻伤。

2008年4月28日，北京开往青岛的T195次旅客列车运行至山东境内胶济铁路周村至王村间脱线，与正常运行的烟台至徐州的5034次旅客列车发生撞击，造成72人死亡，416人受伤。

2010年8月19日，西安—昆明的K165次旅客列车行驶在德阳至广汉间石亭江大桥时，大桥因水害发生倾斜，两节车厢坠入江中。在生死关头，民警、村干部、村民和铁路工作人员用石头砸、榔头敲，和列车工作人员一道，为乘客打开了逃生之门。由于处理方法及时、妥当，本次事故未造成人员伤亡。

2011年7月23日，甬温线浙江省温州市境内，由北京南站开往福州站的D301次列车与杭州站开往福州南站的D3115次列车发生动车组列车追尾事故，造成40人死亡，172人受伤，中断行车32小时35分，直接经济损失1.93亿元。

2015年6月1日，重庆东方轮船公司所属"东方之星"号客轮由南京开往重庆，航行至湖北省监利县长江大马洲水道时翻沉，造成442人死亡。

2015年8月12日，位于天津市滨海新区天津港的瑞海公司危险品仓库发生火灾爆炸事故。截至2015年12月10日，该事故造成165人遇难，8人失踪，798人受伤，核定的直接经济损失68.66亿元。

2021年1月10日14时，山东省烟台市栖霞市一金矿发生爆炸事故，致井通梯子间损坏，罐笼无法正常运行，因信号系统损坏，造成井下10人遇难，1人失踪。

以上事故发生后，政府各职能部门组织力量对现场进行深入搜救，做好科学施救，防止发生次生事故；组织精干医护力量全力救治受伤人员，最大限度减少因伤死亡；查明事故原因，及时公开透明向社会发布信息。同时，督促各地强化责任，落实各项安全生产及防护措施。

3. 公共卫生事件

公共卫生事件主要包括传染病疫情、群体性不明原因疾病、食品安全和职业危害、动物疫情以及其他严重影响公众健康和生命安全的事件。

2002年发生的严重急性呼吸综合征（SARS），直至2003年中期，疫情才得到控制，这是一次全球性传染病疫潮。

2019新型冠状病毒是2019年在人体中发现的冠状病毒新毒株。该病毒症状一般为发热、乏力、干咳，逐渐出现呼吸困难，严重者表现为急性呼吸窘迫综合征。截至2021年1月30日晚7时，新型冠状病毒感染全球累计确诊病例已经突破了1亿人次。

在疫情期间，我国实施了经过科学论证、行之有效的安全管理措施。这些措施包括有力的领导和组织动员，快速隔离病源传播，防止人员大范围流动和聚集。同时，我们坚持信息公开透明原则，对疫情数据不做瞒报，并实行严厉问责制度，以避免引发群众恐慌。我们还充分发挥了群众力量，重视并加强科学防控措施，迅速建立起隔离点集中收治体系。此外，我们加大了科研应急研发的力度，加快了公共卫生体系的建设进程，以期应对各种突发情况。

4. 社会安全事件

社会安全事件主要包括恐怖袭击事件、经济安全事件、涉外突发事件和群体性事件等。由于处在社会转型期，近年来，随着各种矛盾的不断交织，社会群体性事件仍时有发生，由其造成的负面影响对政府部门的工作产生严重的干扰，不利于社会的和谐稳定。同时，在面对突如其来的群体性事件时，由于缺少处置经验，在舆论引导过程中出现不当言语和行为，引发舆情危机的事件时有发生。

2005年6月26日，安徽省池州市城区秋浦路发生一起严重群体性暴力事件。在少数不法分子的鼓动下，一些不明真相的群众冲击派出所，烧、砸车辆，殴打民警，哄抢超市。池州市委、市政府会同省公安厅领导坐镇指挥，该事件于当晚23时许平息，无人员死亡。

2008年6月28日，因对贵州省瓮安三中初二年级女学生李某死因鉴定结果不满，死者家属聚集到瓮安县政府和县公安局上访。在有关负责人接待过程中，一些人煽动不明真相的群众冲击县公安局、县政府和县委大楼，最终酿成严重的打砸抢烧突发事件。

处置群体事件，政府部门应长期预防。一要建立和完善群体性事件舆情处置预案，落实处置的快速反应力量；二要建立健全依法果断处置的机制，尽快平息事态，防止扩大蔓延；三要落实灵活的处置措施，依据不同的事件发展态势或不同阶段的变化制定灵活的处置方案。

（二）重大公共安全事件的定义

公共安全从其内涵来看，主要是指维护人民大众的生命安全、健康安全以及财产安全等方面的权益。现代公共安全的外延包括公共安全案件和公共安全事件危机。公共安全案件是指一般性的侵财、谋杀等犯罪行为构成的安全个案。2006年颁布的《国家突发公共事件总体应急预案》根据突发公共事件的发生过程、性质和机理，将突发公共事件主要分为自然灾害、事故灾难、社会安全事件、公共卫生事件四类。2007年8月30日，第十届全国人大常委会第二十九次会议审议并通过了《中华人民共和国突发事件应对法》，这是我国第一部全面系统地规范突发事件应对工作的法律。根据该法第三条的规定，突发事件分为自然灾害、事故灾难、公共卫生事件以及社会安全事件。因此，公共安全事件是指以自然灾害、事故灾难、公共卫生事件、社会安全事件（含群体性事件）为主的构成严重安全危害并导致系列连锁反应或发生次生、衍生问题等在较大范围和较长时间内造成不良影响的重大事件。

（三）重大公共安全事件的特征

在现实中，上述各类公共安全事件往往相互交叉和关联，其中某类事件往往和其他类别的事件同时发生，或引发次生、衍生事件。公共安全事件纷繁复杂，危害程度各有差异，但也有着一些共同特征。

一是演变隐蔽且突发性的特点，公共安全事件往往在量变阶段演变较为隐蔽，特别是气象、地震、地质灾害，与天气的缓慢形成、地质构造的缓慢变化有关，在何时、何地或何种情况下发生具有极大的不确定性。而一旦发生，往往突如其来且来势凶猛，呈爆发状态，给防范和处置应对行动增加了难度。如2019年初，青海省玉树州第一次出现降雪，被认为是"瑞雪兆丰年"。后来连续12次强降雪，降雪量及降雪天数成为历年之最，持续大雪造成大量牲畜死亡，部分乡镇道路中断。重大雪灾造成玉树、果洛、海西3个自治州13个县，共有20.7万人受灾和需紧急生活救助，造成的直接经济损失高达2.1亿元。

二是危害巨大且影响广泛。对社会大众的生命、健康、财产带来灾难和毁灭，而且这种损害是极具破坏性、不可逆转的。一旦发生，就必须动员必要力量和资源进行紧急救援，力争把损失减少到最低程度。

三是会引发社会连锁反应或者衍生、次生问题。例如，洪灾不仅直接影响受灾群众，还可能引发传染病疫情、房屋和基础设施需要重建等问题。公共安全事件通常由多种原因、因素和条件构成，这些原因、因素和条件之间相互联系、相互影响，甚至相互转化。例如，群体性事件往往涉及多方利益，多重矛盾交织在一起，与国家的政治、经济、外交、文化以及核心价值观等诸多因素密切相关。

三、重大公共安全事件行为管理

（一）重大公共安全事件中的公众行为概述

社会公众既是突发事件的承受者，也是防范和处置突发事件的参与者。公众个体的承灾能力和生活环境千差万别，在各类因素的影响下表现出的心理模式和行为方式也不相同。根据公众在灾害中的个体行为趋势和表现特征，灾害中的公众可划分为领导者、参与者、跟随者和孤立者四种类型，四类公众的形成和发展与所处的社会背景息息相关，关系到制度和社会、灾害后公众心态、政府应急工作等不同方面，并在互相的影响下逐渐朝集群行为发展。公众的行为是复杂且极具变化性的，主要包括自己想办法解决，超市抢购，寻求亲朋的帮助，向供电局投诉，求助于政府，逃离灾害地，寻衅滋事，非法集群，打砸抢等行为。政府要面向公众广泛宣传有关法律法规和预防、避险、自救、互救、减灾等知识，提高社会公众应对公共安全突发事件的综合素质，为公共安全突发事件应急处置工作奠定良好的社会基础。

（二）重大公共安全事件中公众行为的影响因素

公共安全事件中公众行为影响因素包括应激源因素、个体特征因素和社会缓冲因素三类。突发灾害发生后，公众作为一切灾害后果及次生灾害的承受者，其承灾能力主要受到灾害发生发展情况、个体承灾能力、社会支持三方面的影响。首先，应激源因素包括灾害发生的强度、规模、持续时间等灾害相关因素；其次，承灾体的个体特征因素包括年龄、性别、职业、收入、受教育情况等因素；第三是社会缓冲因素，社会缓冲因素直接体现为灾后的社会支持。社会支持既包括物资方面的支持，也包括心理方面的支持，其支持来源包括民间支持和政府支持两大方面。灾害发生后的社会支持情况直接影响到个体承灾能力，如灾害发生后接到较多的物资和心理支持，其心态和行为趋势则更加稳定。个体特征因素对灾后的个体行为有着最直接影响，应激源因素和社会支持因素都最终作用于个体，多方因素的共同作用之下形成个体在突发公共安全事件灾害下的独特心理模式和行为取向。这种心理模式有多种表现形式，包括无特殊反应，注意力不集中，紧张，没有安全感，心情很郁闷、压抑，感到担心、恐慌、愤怒，情绪近乎崩溃，没有心思做任何事情，孤独无助，等等。至于行为取向，包括自己想办法应对、投诉、寻求帮助、逃离灾区、发生集群行为等。总之，公众的心理和行为都将随着公共安全事件的时间的增加出现从平静到激动的变化。如我国东北有些城市在无通知、无计划的突发停电事件中，民众情绪处于一种高度愤怒状态，集群活动甚至群体性行为也一触即发，电力事件最终有演化为社会危机的可能。灾后个体的决策是应激源、信息、物资、居住环境等客观因素作用于主观心理环境后的行为表现。决策者的成就动机、气质特征、自我意识特征、认知风格与决策风格、风险认知、期望水平等个体心理因素都会在外部环境发生剧烈变化时产生波动与碰撞，并直接影响到个体的行为表现。

（三）重大公共安全事件中的心理特点与行为特征

公共安全事件中的受灾人员是突发事件的主要参与者，在突发事件的态势演化过程中，其会受到持续的影响与威胁，受灾人员的行为作为外部影响因素，尤其是在突发事件下，受灾人员产生的特殊心理及行为，对突发事件态势演化有着抑制作用或激化作用，在做应急决策时，若对其不能正确认识、充分考虑，会影响所采取的应急措施的有效性。因此，掌握突发事件下受灾人员的心理和行为特征及其规律，对制定合理的应急措施具有重要影响。在突发事件应激研究方面，目前很少有人对突发事件下个体、群体的行为规律进行研究，导致应激过程中受灾人员的行为走势的预测不够准确，从而影响重大突发事件行动管理的效率，造成不必要的人员身心损伤。

1. 公共安全事件中受灾人员的心理特点

人的心理反应具有能动性，促使人做出相应的行为反应。越在突发事件下，越容易产生消极心理状态，从而导致一些非理性行为。尽管在事发现场的人员特征差别很大，但在危机环境下，受灾个体及群体的心理状态会存在如下一些共同的特征。

（1）恐慌心理

根据心理学的研究，当人们遇到不熟悉的危险情形时，就会产生恐慌心理。人们的心理反应会作用在人的大脑上，从而影响行为决策。突发事件发生后，由于其具有突发性、不确定性、危害性等特征，现场人员会感到无助，从而会产生严重的恐慌心理，引发非理性行为，产生负面效应。

（2）从众心理

从众心理指人们在不熟悉及危险的环境中，尤其在恐慌心理的作用下，缺乏准确、理性地进行决策的能力，从而产生寄希望于跟从周围人群迅速逃离陌生、危险环境的心理。突发事件下，此心理表现得十分明显。

（3）冲动心理

突发事件发生后，人们处于恐慌混乱之中，强烈的外界环境影响以及心理压力，会使人们情绪激动，进而会产生不计后果的冲动心理。

2. 公共安全事件中受灾人员的行为特征

突发事件下，受灾人员的行为反应受到突发事件客观属性、自身素质以及周围人群行为等因素的影响，在这些因素的影响下，受灾人员的行为呈现出规律性的变化。突发事件下，受灾人员在恐慌心理等作用下，和正常情形下有着明显不同的行为特征。

（1）从众行为

前已述及，突发事件下，受灾人员往往有着严重的从众心理。受灾人员在从众心理的影响下极易产生从众行为，从众行为主要是指受灾人员在突发事件下，缺少理性认知而选择盲目跟随周围人群的从众行为。从众行为并不总是有害的，适度的从众行为有着传递信息的作用，使混乱程度得到改善，有助于逃散；但过度的从众行为会导致人流量剧增，造成拥挤堵塞，增加疏散难度。

（2）聚集行为

突发事件发生后，由于感到无助，受灾人员容易临时聚集形成一个群体，通过这种行为来寻求行为上的互助及心理上的庇护。人员的聚集行为体现了受灾人员在撤离过程中对外界信息反应的协同性。

（3）错误判断行为

错误判断行为指人们因为失去或缺乏正常的分析判断能力而做出的非理性行为。在受到外界环境刺激与心理的双重影响下受灾人员通常会出现认知偏差，从而做出非理性的错误判断。通过研究发现，人的信息处理能力和人的紧张程度之间有一定的关系。

（4）惯性行为和滞留行为

突发事件发生后，如果受灾人员对周围环境相当熟悉，受到恐慌心理及外界环境刺激的影响，受灾人员对逃生路线一般不会过多地进行思考以及斟酌选择，而是会选择自己知悉的路径进行逃生，这种行为叫惯性行为。当受灾人员对现场环境不了解或者发现自己知悉的路径被阻断后，出于恐惧心理等原因，可能会滞留原地等待救援。

以上这些行为就是突发事件发生后，在混乱恐慌的情况下，受灾现场人员容易做出的行为反应。决策者在做应急决策时，要考虑受灾人员的这些行为特征及规律。

（四）重大公共安全事件中的个体行为与群体行为管理

1. 个体行为

广义个体行为指个人在社会交往中的行为，与"群体行为"相对应。狭义个体行为指个人在非社会交往场合中的单独行为，是个体与社会交互作用的结果，受社会环境和个性的制约，有外在和内在之分，前者如言论行动，后者如思想意识等。个体产生的行为是个体与环境交互作用的产物。个体具有差异性，个体在团体中的行为特征也经常有异于单独时的行为。个体行为还存在外在和内在之分。前者是外露的，可以被人观察到，如言论、行动等；后者是潜伏的，不可能被人直接察觉。个体行为有别于其他行为最显著的特点在于它是可以在自己能够完全支配的主观意识下用于表达自己内心活动的具体作为。这种行为不存在复制性，不能够被替代，完全是独一无二的。

2. 群体行为

群体行为是团体行为的一种特殊形式，为了实现某个特定的目标，由两个或更多的相互影响、相互作用、相互依赖的个体组成的人群集合体。美国著名社会学家霍曼斯强调了对社会综合体中个体行为的分析。他认为，群体行为要素之间的功能依赖性表现为群体成员彼此之间互动得越频繁，感情就越深厚；人们之间的互动越频繁，他们活动的一致性也就越高；个体在群体中的等级或地位越高，他的活动也就越符合群体的规范。在公共突发事件发生后，个体会自动找寻与自己价值观相一致的人群与之依赖，并产生互动。在自然灾害事故发生后，集体行为中人与人之间的帮助表现极为明显，分工协作也就此体现。组织、群体和个体是不可分割的整体，群体介于组织和个体之间。群体行为往往是团体中某些成员出于对共同目标的欲望与情绪高涨并达到一致的情况下，再加上其他某些成员的暗示和情绪感染而形成的。

研究者对群体行为的产生有多种解释，主要包括相互作用论与紧急规范理论。相互作用论认为集体行为依赖于参与者的相互刺激。一些人聚集在一起激烈地互动是构成集体行为的第一个步骤。紧急规范理论认为在一种模棱两可的情况下，当一群体察觉到指导他们行动的规范出现，他们的行动便或多或少地趋于一致。群体行为是人社会化的结果，又是群体特征的表现途径。积极的群体行为对社会的发展有促进作用，消极的群体行为对社会的发展有阻碍作用。一切行为的发生，都是特定的环境背景下的产物，又都会反作用于发生该行为的内部或者外部环境。

3. 个体行为与群体行为管理

（1）行为引导与矫正

任何一个行为都依从"前提—行为—结果"的顺序关系，在这个顺序关系中，行为直接由前提刺激引发，这类情况被称为应答性条件反射行为。行为受到结果的进一步影响，这类情况被称为操作性条件反射行为。面对重大公共安全事件，可以通过正强化、消退、惩罚、负强化、区别强化、隔离、代币制等行为管理原理对重大公共安全事件中的行为进行引导与矫正。

（2）示范与演练

群体模仿是解释集合行为传播机制的一种理论，模仿分为无意识模仿和有意识模仿，前者是个人在不自觉状态下对他人行为的反射性模仿，而后者是基于一定动机或目的的自觉模仿。人在社会化过程中的各种学习，也可以说是一种自觉的模仿或意识模仿。在集合行为特别是高密度聚集的人群中的模仿，与作为学习过程的模仿是完全不同的。简言之，集合行为中的模仿更多地表现为无意识的、条件反射性的模仿。在人们面临突发或灾难性事件时，用常规方法很难应付局面，反应一般基于本能进行，而最简单省力的反应莫过于直接模仿周围人的行为，于是便出现了相互模仿。心理学认为，这种模仿与人的安全（或防卫）本能有着密切的关系，在具有高度不确定性的突发事件中，每个人都希望与在场的多数人保持一致，把它作为最有效的安全选择。但是，这种失去理性的相互模仿所带来的结果又可能是最不安全的，例如，在电影院失火的场合，一个人向出口跑去，其他观众跟着蜂拥而上造成出口堵塞，所带来的危险要比冷静应对大得多。因此通过示范与演练，讲解突发事件发生时的相关注意事项，并通过生动具体地演示，学习突发事件来临时的应对方法，使人们清楚整个突发事件应对的流程及注意事项，能增强社区工作人员和辖区居民群众的应急意识，提高防灾避险和自救互救能力。

（3）理性认知与观念引导

认知会影响个体对一件事物的情绪和行为，认知对人的情绪、情感、动机以及行为具有较强的调控作用。认知行为理论强调认知在解决问题过程中的重要性，强调内在认知与外在环境之间的互动，认为外在的环境刺激改变与内在的认知改变都会最终影响个人行为的改变。因此，面对突发事件，必须建立高效敏捷的舆论引导应急机制，引导群体理性对待发生的安全事件，努力掌握主动权和主导权；就突发事件建立快速高效的信息沟通机制；按照"第一时间原则"立即报告，不隐瞒真相，随时发布权威信息，既满足媒体需要，又使信息发布更加有序；对于突发公共事件，及时主动发布信息，最大限度传递正面声音；按照"统一口径、报道适度、不炒作、不渲染"的原则，积极主动"摆事实，讲道理"，将群众情绪向理性、平和、客观的方向引导，推动事态向有利于妥善处置的方向转化；要尊重社会公众的知情权，注重从公众的角度提供权威、可靠的新闻信息，提高公众对各种信息的鉴别判断能力，根据突发公共事件在不同发展阶段的具体表现，审时度势、因势利导。

第二节　重大公共安全事件行为管理的意义与现实需要

重大公共安全事件具有突发性特征，如自然灾害、事故灾难、公共卫生事件以及社会安全事件等带来的经济影响无法完全避免，因此，统筹推进公共安全事件的防控及经济发展工作是各级政府面对重大突发公共安全事件时的主要任务。进入21世纪，全球各地区安全问题接踵而至，各种安全问题频频发生，给人类带来沉痛的灾难和巨大的损失。

一、重大公共安全事件行为管理的经济效益

公共安全事件的突发性特征，导致带来的经济影响无法完全避免，特别是重大突发公共安全事件往往会在短期内打乱社会的正常生产秩序，很大程度拖缓社会生产与生活的节奏，给企业、消费者等市场主体带来巨大冲击。从长期看，重大突发公共安全事件甚至会影响经济地理的空间格局、消费者的长期消费偏好等。从微观来看，对于重大突发公共安全事件冲击下的企业特别是服务业和中小企业来说，生产停滞、成本高企、资金吃紧、防疫物资匮乏等问题也会频繁发生，宏观决策部门疲于应对；从宏观来看，重大突发公共卫生事件会对一个国家重点产业和核心增长区域带来较大的挑战。

国外疫情造成的经济影响

2019 年 7 月，刚果（金）埃博拉疫情被世界卫生组织列为"国际关注的突发公共卫生事件"。该疫情自 2018 年 8 月暴发以来，已确诊 3100 多名感染者，其中 2100 余人死亡。2019 年 8 月，印度多地持续暴雨致逾 200 人死亡、多人失踪，洪涝、泥石流、登革热疫情等次生灾害风险上升。2019 年 10 月，美国得克萨斯州达拉斯遭龙卷风袭击，损失惨重。布鲁弗斯（Brouwers）等的研究认为，H1N1 病毒对瑞典经济带来大约 2.5 亿欧元的损失。2014 年，西非暴发埃博拉病毒疫情，给当地社会经济带来巨大破坏性，造成的综合经济损失和社会负担约为 531.9 亿美元。

重大公共安全事件对中国经济的发展形成重大冲击。进入 21 世纪，我国国内发生了不少公共安全事件，如"非典"暴发、南方雨雪冰冻、三聚氰胺事件、汶川地震等一系列重大自然灾害、事故灾难、公共卫生事件和社会安全事件。2003 年的"非典"暴发，我国内地累计死亡 349 人，直接经济损失达 1600 亿元人民币，相当于当年 GDP 的 1.6%。2008 年的汶川地震，遇难和失踪 8.8 万人，直接经

济损失 8451 亿元人民币，占当年 GDP 的 2.8%。2011 年环境污染损失达 2 万多亿元，占当年 GDP 比重超 6%。2020 年初发生的新冠疫情不仅对中国也对世界其他各国的经济带来重大冲击，使国际经济市场遭遇了非常大的磨难，全球供应链受到了巨大的影响，经济全球化面临着非常严峻的考验。

重大公共事件特别是突发公共卫生事件对人民的生命安全、财产安全以及国家的宏观经济、产业经济与区域经济等造成了潜在的影响，且一般影响周期较长。由于我国政府对公民个体行为及集体行为都进行了快速有效的行为管理，使我国的人力、物力及财力损失得到了及时的遏制。

资料显示，我国每年因公共安全问题造成的经济损失达 6500 亿元，其中安全生产事故引发的损失共计约 2500 亿元，社会治安事件引发的损失共计约 1500 亿元，自然灾害造成的损失共计约 2000 亿元，生物侵害导致的损失共计约 500 亿元，约占 GDP 总量的 6%；这些问题每年夺去约 20 万人的宝贵生命，且实际造成的负面效应是这几个量化指标无法估量的。突发公共事件预防、应急机制的建立与运行，可以在突发公共事件发生之时，通过对社会公众行为的有效引导，迅速采取应急措施，防止事件损害的扩大与延伸，将损失降到最低程度。而有些突发公共事件，特别是人为的突发公共事件，如果预防措施得当，可以避免事件和损失的发生。

对重大公共安全事件行为管理的经济收益，主要体现为公共安全事件发生前的预防、公共安全事件发生时的应急机制建立，公共安全事件发生后有效引导，很大程度上能有效避免或减少直接和间接经济损失，对社会正常经济秩序的维护起到了重要作用。如果没有高效可行的预防、应急、引导机制，公共突发事件一旦发生，造成的经济损失将非常巨大。

二、重大公共安全事件行为管理的社会效益

突发事件发生后，大多数群众处于被动地等待救援的状态，不

知道如何进行自救互救，以及怎样减少损失。这种状况无疑增加了应急管理的处置救援成本和恢复重建成本。因此，提高社会大众的自救互救能力也是降低社会组织的隐性成本的重要保障。

为抗击新冠病毒疫情，企业界、慈善界、社会工作者、志愿者等社会力量为疫情防控提供了大量财力、物力、人力、智力支持和专业心理疏导、物资配送、募捐管理等服务，成为抗击疫情的重要力量，缓解了疫情防控一线人手不足等问题。社会组织作为社会力量的重要组成部分，充分利用自身资源、发挥自身优势，为疫情防控做出了积极贡献。这表明，社会组织已成为加强和创新社会治理的重要力量。充分认识社会组织的巨大潜力和独特优势，给予其科学定位，赋予其相应职责，积极培育和引导其健康发展，调动其参与应对重大突发事件，对于加强和创新社会治理具有重要作用。

公共安全事件行为管理，其社会收益主要体现为维护人民的生命健康权利、维护社会核心价值观和道德观、消除不安定因素产生的社会影响、维护国际声誉、树立我国良好的国际形象等方面。消除或降低突发公共事件对人民生命健康的威胁，维护人民的生命健康权利，这是行为管理最大的收益。我国地震灾害较为严重，20世纪发生的破坏性地震夺去了约60万人的生命。近10年在台风、暴雨、洪水等灾害中丧生的人数每年都有上万人。在谋求经济和社会发展的过程中，人的生命始终是最宝贵的。维护人民的生命健康权利是我国行为管理的首要目的。突发公共事件一旦发生，启动与运行预防、应急管理机制，可迅速整合社会资源，及时、有序地转移受灾地区的人，同时采取其他必要措施，保障人民生命安全。重大突发公共事件的发生，不仅会对一国经济产生巨大的破坏，极大地损害人民的身体健康，还会破坏社会的核心价值观和道德观，而且从某种程度而言，一些重大的突发公共事件的发生，正是由于社会的核心价值观和道德观被破坏而引发的。

在国家社会经济发展中，当经济发展与人的生存发展存在尖锐矛盾时，当社会的发展与自然生态环境的维护存在冲突之时，当突发公共事件对人民的生命健康造成严重威胁之时，是永无止境地追求经济和物质的利益，保护社会的物质财富，还是不惜一切代价保障人民的生命安全，维护自然生态环境，体现了一个国家或社会的核心价值观和道德观。我国突发公共事件预防、应急机制的建立，正是为了维护我国社会主义国家的"以人为本""人类社会的发展与自然生态环境协调发展"的核心价值观和道德观。

突发事件发生后，如果缺乏应急机制，没有通畅的信息渠道，没有维护公共秩序的措施，就会导致谣言四起，人们产生恐慌的心理，社会秩序混乱，甚至一些不法之徒还会乘机实施违法犯罪活动。如SARS蔓延前期，由于相关信息和预防知识传递的缺乏，致使流言四起，造成公众心理极度紧张，以致产生心理恐慌，少数投机分子利用群众的恐慌心理牟取私利，扰乱社会秩序、制造极端事件。

三、重大公共安全事件行为管理的政治效益

重大公共安全事件的有效行为管理，可以增强民主、公共意识，锤炼中华民族自强不息的民族精神。中华文明5000多年绵延不断、经久不衰，在长期演进过程中，形成了中国人看待世界、看待社会、看待人生的独特价值体系、文化内涵和精神品质，这是我们区别于其他国家和民族的根本特征，也铸就了中华民族博采众长的文化自信。中华民族奋发向上、克难攻坚的优秀传统文化脱胎于中华民族优秀传统文化，同时又在新时代不断再生再造、凝聚升华，为我们战胜各种艰难险阻提供了强大精神力量。例如在同新冠病毒进行的严峻斗争中，各级领导冲锋在前、顽强拼搏，广大医务工作者义无反顾、日夜奋战，人民解放军指战员闻令而动、敢打硬仗，广大人民群众众志成城、守望相助，广大公安民警、疾控工作人员、社区工作人员坚守岗位、日夜值守，广大新闻工作者不畏艰险、深入一线，广大志愿者真诚奉献、不辞劳苦，各级行政部门和人民团体主动担责、积极作为，港澳台同胞、海外侨胞纷纷捐款捐物，为疫情防控做出了重大贡献。

重大公共安全事件的有效行为管理，有助于提高我国政府的公信力，树立我国良好的国际形象，维护国际声誉。突发公共事件的发生，既是对一个国家政府在事件中的应变能力的考验，也是对政府的施政理念和管理体制的挑战。建立突发公共事件预防、应急机制，提高政府在突发公共事件中危机的应对和化解能力，以一个诚实、高效和负责任的政府形象引导公众应对危机，不仅可以促进社会更加团结与和谐，还可以树立我国良好的国际形象，维护国际声誉。2020年1月，面对突如其来的新冠疫情，中国国家领导人从一开始就明确要求把人民群众生命安全和身体健康放在第一位，明确要求扩大疫情防控国际合作，体现出了一个负责任的大国担当。在抗击疫情的严峻斗争中，中国始终坚持人民至上、生命至上的理念，充分发挥制度优势，举全国之力抗击疫情。经过三个月的艰苦努力，中国疫情得到了很好的控制，形势持续向好，生产生活秩序加快恢复。中国疫情防控取得的显著成效，为世界各国防控疫情争取了宝贵时间，做出了重要贡献，得到了国际社会普遍赞扬。

四、重大公共安全事件行为管理的文化效益

通过加强对公共安全事件的行为管理，可以有效缓解公众应对重大安全突发事件的紧张、抵触情绪。例如新冠疫情在威胁人们身体健康的同时，也会给大众带来心理压力，有些人在疫情期间出现了焦虑、紧张、恐慌等情绪反应。我国政府进行了积极有效的应急干预，同时媒体舆论也进行了正确的引导，此外有关部门及心理工作者开展了迅速、有效、科学、规范的心理干预工作，国家卫生健康委组织编写了大量科普资料，其中《应对新型冠状病毒肺炎疫情心理调适指南》实操性强，针对人群全面。公众积极响应国家号召，做好自我防护，共同加入"战疫"大军。有效的预防与宣传也增强了防灾意识。

五、重大公共安全事件行为管理的生态效益

生态安全是人类生存的基本保证，是公共安全的重要组成部

分。政府生态突发公共事件应急管理是国家应急管理体系中的重要组成部分。生态突发公共事件是指突然发生，造成或者可能造成重大人员伤亡、重大财产损失和对全国或者某一地区的经济社会稳定、政治安定构成重大威胁和损害，有重大社会影响的涉及公共安全的生态环境事件。加强政府生态突发公共事件的应急管理，提高政府应对涉及公共危机的生态突发事件的能力，对于保障公众生命健康和财产安全，保护生态环境，促进社会全面、协调、可持续发展，具有重要意义。

马克思主义自然观认为，人是自然界的一部分，受到自然规律的制约，自然不仅为人们提供物质生产活动的对象和材料，而且构成生产过程中的制约性条件。人如果在生产活动中违背了自然规律，就会遭到自然界的报复。自然界处处打上了人的意识的烙印，人也在改造自然的过程中不断改造自己。人作为自然界的一部分，不能无限制地向自然界索取，必须尊重自然，遵循自然规律，不断调整人与自然的关系，从而与自然和谐相处、协调发展。

2013年5月，习近平总书记在中共中央政治局第六次集体学习时发表重要讲话，指出："人类经历了原始文明、农业文明、工业文明，生态文明是工业文明发展到一定阶段的产物，是实现人与自然和谐发展的新要求。"面对日益严重的生态危机，我们必须反思工业文明的发展模式，积极修复生态，形成相较于工业文明更高级别的生态文明，这符合人类社会发展和文明演进的客观规律。

在这次重要讲话中，习近平总书记还指出"要正确处理好经济发展同生态环境保护的关系，牢固树立保护生态环境就是保护生产力、改善生态环境就是发展生产力的理念"。新形势下加强生态文明建设是坚持以人民为中心、增强人民群众生态环境获得感的迫切需要。随着我国社会主要矛盾的变化，人民群众对优质生态产品的需求日益增长。尤其是全面建成小康社会后，人民群众对优美生态环境有了更高要求。加强生态文明建设，是人民群众追求高品质生活的共识和呼声。必须坚持生态惠民、生态利民、生态为民，持续改善生态环境质量，提供更多优质生态产品，提升人民群众的生态环境获得感、幸福感和安全感。

第三节　重大公共安全事件行为管理的影响因素

一、社会公共安全事件的分类

近年来，我国仍不时发生各类重大公共安全事件，自然灾害、新冠疫情、突发性群体事件等，给我国造成了巨大的人民生命与财产损失，成为构建和谐社会的严重隐患，引起了社会各界的广泛关注。为了最大限度地预防和减少公共安全事件及其造成的损害，保障公众的生命财产安全，维护国家安全和社会稳定，我国建立了一系列专业性职能部门或救援机构，如公安、消防、急救、防汛、防震与抗震、疾病防控等。力图通过一些先进的技术手段或方法，进行应急管理，降低重大公共安全事件给人民带来巨大损失与心灵创伤。

（一）常规应急管理领域

表1-1　常规应急管理领域

领域	示　例
交通调度领域	汽车、火车、飞机的应急调度等
通信指挥领域	有线通信、无线通信、雷达、网络系统的故障应急等
机器控制领域	航空、航天、机器人、飞机的故障应急等
工程施工领域	公路、铁路、水利设施、建筑设施的故障应急等

（二）突发公共事件管理领域

表 1-2　突发公共事件管理领域

领域	示　例	
自然灾害	水旱灾害、气象灾害、地震灾害、海洋灾害、生物灾害和森林草原火灾等	
事故灾难	工矿商贸等企业的各类安全事故、交通运输事故、公共设施和设备事故、环境污染和生态破坏事件等	
社会安全	经济安全事件	经济危机、金融危机、粮食危机等
	重大群体事件	重大群体上访、公共场所滋事、高校群体性事件等
	重大刑事案件	重大恐怖事件、刑事案件等
	涉外突发事件	外交事件、使馆周边事件等
	重大社会活动	奥运会、世博会、APEC 会议等
公共卫生	重大传染病疫情	SARS、新型冠状病毒、流感、霍乱、炭疽等
	重大动植物疫情	蹄疫、禽流感等
	食品安全与职业危害	食物中毒等
	群体性不明原因疾病	
	其他严重影响公众健康和生命安全的事件	

注：突发公共事件应急管理涉及的范围很广，使得突发公共事件应急管理中的各种问题极其复杂（董民 等，2011）。

二、行为管理概述

行为管理是指通过对人的心理过程与生理行为的研究，揭示人在活动过程中的行为规律，从而进行有目的性的教育、引导、控制的管理过程。行为管理不仅与管理者有关，而且与社会的每个公民都息息相关。行为管理是一种方法：通过在一个公认的计划目标、标准、能力要求的框架中去理解和实施管理行为，来处理与应对重大公共安全事件。

要对行为管理进行分析，首先要考虑影响行为管理的因素。行为管理是在一定条件下，为实现既定目标，对所属组织、人员的活动施加影响的过程。①管理主体：管理要素对行为管理的影响，管理主体起主导作用。管理主体的作用表现为对管理客体的领导、组织、控制和协调，使管理客体能够按照管理主体的要求和目标开展工作，管理客体工作成绩的好坏在于管理主体的领导水平及素质的高低。管理主体的另一个作用表现为对组织环境的掌握和适应，使环境有利于管理工作的进行。虽然组织环境是客观形成的，不因管理主体主观愿望而改变。②管理客体：作为管理的特定对象，管理客体常常是根据管理主体的指令，按管理主体的意图，为达成组织目标服务的各级下属人员。管理客体的作用表现为对管理主体制定目标的主动性、创造性地实施。③管理目的：任何行为管理都具有一定的目的性，都是一种有意识、有目的的活动。管理行为努力使这个目的得以实现。

能够影响人的不安全行为管理因素有很多，有研究表明，管理因素对人的不安全行为选择有显著的影响。一些学者对影响人对不安全行为选择的管理进行了分类归纳。世界原子能机构从管理的角度描述影响人的行为选择的37种主要管理行为，并把它们归纳为决策、计划、组织、管理关注、澄清歧义、与工作有关或无关的活动6个方面（Kirwan，2007）。柯万（Kirwan）在研究航空安全管理问题时发现，要有效地对员工行为进行管理，首先要通过合适的方法对安全过程和程序进行设计，包括程序设计、组织设计、安全保障程序设计、制度设计、安全评价方法设计等；其次要进行有效的作业过程控制，包括对业务及工作任务的分析、危险源识别、安全培训、冲突控制等（陈鸿亭 等，2000）。

总的来说，影响管理行为的管理要素相互结合，相互作用，共同构成管理行为的动态过程。

三、影响行为管理的因素

影响个体行为管理因素是多方面的，许多学者专家研究证实，影响个体行为管理的因素主要包括生理因素、心理因素、情境因素、环境因素、人为性、事件发生领域的特定性、事件发生的预谋性、对行为的奖励模式、以惩罚为主的管理模式和固定模式的奖励等因素。

（一）生理因素

个人的身体健康状况、身体机能等生理因素在很大程度上决定着能否应付突如其来的重大公共安全事件。

（二）心理因素

人的所有心理活动（认知、知觉、人格、情绪、行为等）都是由人的基本心理机能来承载完成的。工作环境、工作方式与生活方式对人们的思想意识和心理感受的影响最为直接。在面临重大公共安全事件时，恐惧和焦虑是人们应对安全事件最大的心理障碍。心理与行为密不可分，心理影响因素主要包括个性心理特征和心理过程两个方面，由于兴趣、气质和性格等的差异，不同的人往往表现出不同的个性心理特征，如焦虑、冲动、盲目自信、麻痹大意等消极心理，或认真、谨慎、细心等积极心理，以致在认知活动、情感和意向活动（认知过程、情绪过程、意识过程）等心理过程上存在差异，从而形成个体行为上的偏好，并影响应对风险或危险的能力（邹巧柔 等，2013）。

（三）情境因素

情境因素是学者们普遍强调的影响因素，认为应对行为的选择与情境密切相关。林德尔（Lindell）等将情境因素细分为环境信息、社会线索、警示信息、信息源、信息渠道等，这些情境信息是个体进行认知评估的基础。应对方式的选择受制于当时的情境，抛开情境则无法预测应对行为的效果（Lindell et al.，2012）。面对不同的风险情境（如洪水、地震、恐怖袭击、食品安全事件、药品安全事件等），公众的应对行为方式存在明显差异。

（四）环境因素

自然环境及社会环境是个体行为管理的外在大环境。生态环境、人文地理、医疗卫生、风俗信仰、教育环境、制度法规、经济基础、事物发展的规律及意外事件等是个体行为发展的外在大环境因素，对个体行为管理的影响可以是间接的或者潜在的。

（五）人为性

1. 人为的故意或恶意行为直接导致社会安全事件

突发事件的发生可以概括为两个方面的因素，即自然因素和人为因素。其中自然灾害、事故灾难以及公共卫生事件是由自然原因、人为原因或二者交互作用形成的，而社会安全事件则完全是人为因素造成的。如果说事故灾难的人为因素是非故意的、失误或错误操作，公共卫生事件的人为因素是故意与非故意兼具，那么社会安全事件则侧重于故（恶）意。这类事件引发的直接原因是非自然的因素，是人为的，甚至是故意或恶意的。这里的故意既包括直接的故意，也包括间接的故意。

2. 人为处置不当导致其他突发事件衍生、次生的社会安全事件

社会安全事件的引发因素除了上述以外，还应当包括自然灾害，事故灾难，公共卫生事件衍生、次生的动乱、暴乱等社会安全事件的人为处置不当因素。这里的人为处置不当，既非故意更非恶意，而是因疏忽大意或无能等方面的因素导致的处置不当。

（六）事件发生领域的特定性

事件发生领域的特定性，即事件发生在社会公共安全领域内。公共安全是指不特定或者多数人的生命、健康、财产安全，重大公私财产安全、重大生产安全、公共生活安宁以及重大公共利益的安全。因此，社会安全事件主要发生在以下领域内：一是涉及不特定人生命、健康、财产安全的领域；二是涉及多数人的生命、健康、财产安全的领域；三是涉及重大公私财产安全的领域；四是涉及重大生产安全的领域；五是涉及公共生活安宁的领域；六是涉及重大公共利益安全的领域。

（七）事件发生的预谋性

社会安全事件的发生并不像其他突发事件那样突如其来，它经历了一个行为人预谋、策划或者从量变到质变的过程。这一特性表现在以下几个方面：一是社会安全事件爆发之前往往要经历一个缓慢而平静的积累过程，其急速爆发时只是集中展现一个缓慢积累的结果。二是有些社会安全事件是由社会结构、经济结构、法律结构失衡所致，经历了一个从量变到质变的过程，例如恐怖活动。社会安全事件的发生不可能是无缘无故的，而是存在着复杂的因果联系，或者是一因一果，例如社会动乱；或者是一因多果，例如政府管理不妥。三是尽管对于社会安全事件的受害者，或者对于政府或公众而言，社会安全事件的发生始料未及，但对于引发者而言并非出乎意料。例如，各种重大刑事案件所致的社会安全事件对于作案者而言显然是意料之中的。因此，社会安全事件表现出来的"出乎意料"，主要是从防治者的角度而言的。从引发社会安全事件的主体而言，则是经历了一个预谋、策划或者从量变到质变的过程（周定平，2008）。

（八）对行为的奖励模式

对行为的奖励模式也影响着行为管理。最主要的奖励手段是正强化（positive reinforcement），就是指在特定的情境下，当个体表现出某个行为时，立即得到令其满意的结果，则以后在类似的情境下，该行为的发生频率趋于上升。只要具备正强化形成的条件，不论是好的行为还是不良行为，都可以被强化而得到巩固。

1. 对不安全行为的错误强化

只要符合正强化的程序，不管是正确行为还是问题行为，都有可能被强化。事实上，许多问题行为正是由于误用正强化而形成的。当一些重大公共安全事件发生以后，行为管理者进行应急处理时，会无意识强化一些不良行为，导致公共安全事件处理不当。2013年四川达州城区的蒋婆婆摔倒在地，招呼3名孩子扶起她，却趁机死死抓住一个9岁小朋友的手，称是3名孩子把她撞倒。孩子家长以敲诈勒索报案后，南外镇司法所却本着"大事化小，小事化了"的原则，调解3名孩子家长及蒋婆婆共同承担2万多元医疗费用，但最终在多名目击证人的帮助下，蒋婆婆的碰瓷行为终被揭穿。

相关部门在处理公共安全事件时，错误地强化了碰瓷行为，以"大事化小，小事化了"的原则处理，导致近年来相继发生扶跌倒老人被诬告的事件，造成了严重的社会影响。

2. 借助不良强化物维持行为

只要符合正强化的形成规律，一些对人身心有害的刺激物也可以发挥强化作用，因此特别要注意防范不良强化物对个体的影响。不良强化物就是本身是有害的或者少量无害而大量使用就对个体有严重影响的物质。

酒精作为精神活性物质，具有多种行为和神经生物学效应，会引发一系列行为和精神心理反应，包括合群、镇静作用、攻击、执行功能的丧失和认知功能的缺陷等，酒精依赖损害饮酒者的身心健康甚至危及生命安全。29岁女乘客李某在一架从西宁飞往杭州的飞机上，因喝酒撒酒疯，在飞机飞行途中，用手臂砸坏舷窗玻璃，致使航班紧急备降郑州机场。事后调查是因为李某失恋"喝酒消愁"，登机前喝了2瓶250 mL白酒，导致血液酒精浓度达到100 mg/100 mL，确认事发时该女子为醉酒状态。李某欲借助喝酒来安慰自己受伤的心，岂不知"借酒消愁愁更愁"，通过酒精来麻痹自己的神经，却没有考虑到酒精给自己及他人带来的危害，造成了公共安全事件。

3. 对物质奖赏的依赖

奖赏是一种进化机制，有助于提高人和动物的适应性，包含食物和金钱奖赏。物质奖赏对于不同的个体而言，能够使其满意的结果是不一样的，在特定环境下，个体受到物质奖赏，会产生一个正反馈效应，但是如果长期对物质奖赏有依赖，就会对个体身心带来负面的影响。

（九）以惩罚为主的管理模式

惩罚（punishment）是指在某种情境下，个体表现某行为后立即得到厌恶刺激或正强化物被撤除，以后在类似情境下行为倾向于减少。惩罚的类型有很多，在国家和社会治理中，除了法律规定的刑事处罚、行政处罚外，在行为层面，主要表现为罚款、降级、没收财物、社会性惩罚（包括给予脸色、批评、警告、斥责等）、罚劳役、取消奖励等。在行政处罚上，例如，对公务员的行政处罚（行政处分），是指国家行政机关依照行政隶属关系给予有违法失职行为的国家机关公务人员的一种惩罚措施，包括警告、记过、记大过、降级、降职、开除。

在行为管理中，惩罚可以起到减少行为的作用，但滥用惩罚也会带来很多负面影响。

1. 嘲讽带来的个体行为

嘲讽与谴责类似，都属于惩罚的信号，在使用时如果不谨慎，容易带来惩罚副作用。在一些场合中，如果言语不当，可能使人产生消极情绪，带来恶性后果。

> 案例：由于要在寒假期间找工作，马加爵没有回家，而邵瑞杰和唐学李早早就返回了学校。案发前几天的某一天，马加爵和邵瑞杰等几个同学在打牌时，邵瑞杰怀疑马加爵出牌作弊，两人发生了争执。其间，邵瑞杰说："没想到连打牌你都玩假，你为人太差了，难怪龚博过生日都不请你……"这样的话从邵瑞杰口中说出来，深深地伤害到了马加爵。邵瑞杰和马加爵都来自广西农村，同窗学习、同宿舍生活了4年，马加爵一直十分看重这个好朋友，但他万万没有想到，邵瑞杰竟会这样评价自己，而且龚博居然如此对待自己。这句话促使马加爵动了杀邵瑞杰和龚博的念头。

马加爵事件发生后，大学生普遍心有余悸，担心自己成为类似事件的受害者。由此可得启示是，在人际交往中，应注意自己的言行，不随意讽刺、挖苦他人。

2. 滥用惩罚

在一些事件的处理过程中，管理者由于存在认知偏差，过多地使用惩罚或者滥用惩罚。惩罚的作用见效快，但容易产生负面效果。在实施惩罚时，双方都可能出现情绪失控的情况，因而导致惩罚升级或严重后果。

> 案例：据《经济晚报》"每日吉安"报道，2019年8月30日，吉安市火车站停车场的车子都被贴上罚单，引起众多市民不满，火车站人流量、车流量巨大，停车场范围内不能立个提

示牌就了事，应该划线清晰，场内多设引导牌，交警部门不能一罚了事。火车站是吉安市的"脸面"，南来北往的游客、客商对吉安的第一印象好不好，火车站的交通状况"关系重大"。明确停车场里的标线标志，尽到提醒和管理义务，本是交警部门应尽的职责，不需要"伤筋动骨"，只需把贴罚单的时间匀些给科学管理上，做好引导和管理，让火车站的停车场更好地为市民服务。而青原区交警大队却不愿迈出这一步，究其症结，是"懒政"思想在作怪，用一纸罚单来替代城市管理，引发市民的不满。

吉安市交警部门懒政，在处理停车场管理问题时，没有更好地进行科学管理，而是以罚代管去解决问题，引起老百姓的不满，出现行为管理错误，造成不良的社会影响。

3. 对严重问题的惩罚过于轻微

惩罚的作用在于有效制止问题行为，有时候出现一件严重问题事件，相关人员却被轻微惩罚，这非但不能有效地制止问题行为，反而会导致累进式的惩罚，不能从根本上解决问题。因此，我们应避免滥用惩罚，也要确保惩罚的强度适度。具体而言，应根据行为的严重程度选择适当的惩罚力度，以有效地制止问题行为。

案例：2010年三聚氰胺奶粉案中，一个涉嫌生产销售数十吨三聚氰胺问题奶粉的主犯，最后只被判了三年有期徒刑，而且缓刑三年。公安部治安局副局长徐沪在介绍办案情况时感慨，目前对问题奶粉的主犯处罚过轻，不足以震慑犯罪。他还举例称，天津一乳企高管在被捕时当着警方的面安慰家属，"别怕！最多判刑三年"。

由于惩罚力度不够，导致出现一些黑心商家，赚取黑心钱，给社会造成重大不安全事件，产生不良的影响。为防止此类重大公共安全事件，要对发生严重问题的相关人员做出严厉处罚。

（十）固定模式的奖励

间歇强化（intermittent reinforcement）是指行为有时得到强化、有时得不到强化的强化分配方式。根据行为发生后得到强化的规则，既可以按照行为发生的频率和行为发生的间隔时间来划分，也可以按照固定数量、时间间隔或不固定数量、时间间隔的方式进行划分。这样，可以划分出四种主要的强化类型：固定比例强化、可变比例强化、固定时间间隔强化、可变时间间隔强化。

鉴于不同的间歇强化各有利弊，在进行行为管理时需要灵活选取，根据特定的行为，选择合适的间歇强化程序。对一个新建立的行为，可以在开始时先使用连续强化，等行为有所巩固，再用小的时间间隔或较少的次数作为强化的前提要求，根据行为的进一步发展情况，可以再将间隔的时间延长或将累积的次数增大作为获取正强化物的前提要求，之后再逐步过渡到间歇强化。

如果不希望行为出现停顿现象，就应该选取可变比例或间隔时间的强化方法，而不是使用固定次数或间隔时间的强化方法。

案例：2010年上海举办了世博会、2011年西安举办了世园会，在这样的特大型会展期间，安保措施非常严格，各种事故发生率大大下降，而当展会结束后，却相继出现重大火灾、爆炸事故。如2010年11月15日上海市静安区胶州路一幢28层的教师公寓发生重大火灾造成58人死亡、百余人受伤的严重后果，这起重大责任事故的原因是该大楼在进行外墙节能改造工程期间，无证电焊工违章操作引起火灾。2011年11月14日，西安市科创路与太白路十字西南角嘉天国际大厦一层的小吃店液化气罐发生泄漏，遇火源发生爆炸，造成10人遇难，37人受伤。这些偶然事件的发生也有安全防范没有做到"时时放心不下"的原因，即在相关职能部门、普通大众的安全意识中，将展会起止时间作为节点，当预定的时间点过去后，潜意识中放松警戒。

为防止停顿现象，可以在固定程序中加入小的间隔，使人们无法形成惯性思维。如在值班巡逻时，保安人员每小时巡查一次，改成平均一小时巡查一次，其间随机安排几个较为密集的巡逻，这样就能严格防范，降低安全隐患出现的可能性。

案例：2017年10月30日，内蒙古自治区赤峰市宁城县全国重点文物保护单位法轮寺发生火灾事故，造成50平方米的东配殿基本焚毁。同年11月18日，河北省张家口市桥西区全国重点文物保护单位张家口堡中营署东厢房发生火灾事故，过火面积约85平方米。两起事故经初步调查，皆因管理不善，或因周边居民用电不当而引发火灾。

2017年12月至2018年1月，国家文物局派出检查组赴部分地区对32处文物保护单位、博物馆及古村镇消防安全管理状况进行了明察暗访，发现一些单位仍然存在较为突出的火灾隐患和问题，有的隐患和问题甚至长期存在，未得到有效整改。一些文物单位疏于管理，文物消防安全责任落实不到位；电气火灾隐患十分突出，整改工作不到位、不彻底；一些地方消防设施设备配置不规范，日常巡查演练不到位。

文物火灾事故接连发生，一些地区、部门和单位对文博单位存在的安全隐患和管理漏洞整改工作不重视、不落实、不到位，仍然存在监管空白和盲区。因此，对于类似的管理工作应加强不定期的检查，明察暗访，降低安全风险。日常管理中依赖定时检查，效果不佳，而暗访属于可变时间间隔强化，行为者无法预先知道什么时候会被检查到，通常可以长时间保持行为规范，降低安全风险。

第四节　重大公共安全事件应急
管理的相关政策

应急管理是指对各级、各类突发事件的管理，我国关于重大公共安全事件应急管理经历了从预案建设、体制建设、机制建设到法制建设的发展过程。公共安全与应急管理相对应。从状态的角度来看，公共安全是应急管理所追求的目标；从能力来看，应急管理是维系公共安全的手段。应急管理通过减缓、准备、响应与恢复四项活动，对自然灾害、事故灾难、公共卫生事件和社会安全事件进行管理。

一、我国重大公共安全事件应急管理的发展过程

2003年之前，我国关于应急管理的研究主要集中在灾害管理研究方面。2003年由"非典"疫情引发了大众对从公共卫生到社会、经济、生活全方位的突发公共事件的关注。党和国家及时总结我国经济社会发展中存在的不全面、不协调、不可持续性和应急管理体系缺失等问题，提出全面加强应急管理建设的重大命题。

2003年7月28日，在抗击"非典"取得胜利的表彰大会上，党中央、国务院第一次明确提出，政府管理除了常态以外，要高度重视非常态管理，"提出'一案三制'，争取用3年左右的时间，建立健全突发公共卫生事件应急机制，提高突发公共卫生事件应急能力"。党和政府第一次把非常态管理提上议事日程，进而提出加快突发公共事件应急机制建设的重大课题。

2005年7月，国务院召开第一次全国应急管理工作会议，颁布了《国家突发公共事件总体应急预案》，将国家应急管理纳入了经常化、制度化、法制化的工作轨道。到2005年底，我国突发公共事件的应急预案体系框架基本构建形成。

制定国家中长期科技发展规划，是党的十六大提出的一项重要任务，也是建设创新型国家的重要举措。2005年12月30日，由国务院正式发布《国家中长期科学和技术发展规划纲要（2006—2020）》（以下简称《规划纲要》）。《规划纲要》的第三部分中将"公共安全"设为重点领域及其优先主题之一，包括"国家公共安全应急信息平台、重大生产事故预警与救援、食品安全与出入境检验检疫、突发公共事件防范与快速处置、生物安全保障、重大自然灾害监测与防御"。

2006年1月8日，国务院授权新华社全文播发了《国家突发公共事件总体应急预案》（以下简称《总体应急预案》）。《总体应急预案》是全国应急预案体系的总纲，明确了各类突发公共事件分级分类和预案框架体系，规定了国务院应对特别重大突发公共事件的组织体系、工作机制等内容，是指导预防和处置各类突发公共事件的规范性文件。《总体应急预案》的出台使得政府公共事件管理登上一个新台阶。

2006年7月，国务院召开全国应急管理工作会议，发布《十一五期间国家突发公共事件应急体系建设规划》。

2006年8月，党的十六届六中全会通过《关于构建社会主义和谐社会若干重大问题的决定》（以下简称《决定》），正式提出了我国按照"一案三制"的总体要求建设应急管理体系。《决定》指出："完善应急管理体制机制，有效应对各种风险。建立健全分类管理、分级负责、条块结合、属地为主的应急管理体制，形成统一指挥、反应灵敏、协调有序、运转高效的应急管理机制，有效应对自然灾害、事故灾难、公共卫生事件、社会安全事件，提高突发公共事件管理和抗风险能力。"至此，基本完成了我国应急管理体系框架的蓝图设计工作。

2007年，国务院下发《关于加强基层应急管理工作的意见》，全国人大常委会通过《突发公共事件应对法》，并于2007年11月1日正式实施。《突发公共事件应对法》是在党和国家推动科学发展、构建和谐社会的大背景下应运而生的，深刻反映了时代发展的要求和人民群众的愿望，顺应了党和政府工作与时俱进的要求和政府管理特点的新变化，集中体现了我们对应急管理工作规律性认识的进一步深化。

2014年，党的十八届三中全会发布的《中共中央关于全面深化改革若干重大问题的决定》，提出要"健全公共安全体系"。其中特别提出了四点要求，基本对应着《突发公共事件应对法》规定的四大类突发事件。

2015年5月29日，中共中央政治局就健全公共安全体系进行第23次集体学习。习近平总书记提出，要"努力为人民安居乐业、社会安定有序、国家长治久安编织全方位、立体化的公共安全网"，特别强调了食品药品安全、安全生产、防灾减灾救灾、社会治安防控等方面体制机制改革任务，以及加强公共安全立法、推进公共安全法治化的要求。

2015年7月1日，第十二届全国人大常委会第十五次会议审议通过了《中华人民共和国国家安全法》（以下简称《国家安全法》）。《国家安全法》以法律的形式确立了中央国家安全领导体制和总体国家安全观的指导地位，明确了维护国家安全的各项任务，建立了维护国家安全的各项制度，对当前和今后一个时期维护国家安全的主要任务和措施保障做出了综合性、全局性、基础性的安排，为构建和完善国家安全法律制度体系提供了完整的框架，为走出一条中国特色国家安全道路提供了坚实有力的法律和制度支撑。

2017年7月19日，国务院印发了《国家突发事件应急体系建设"十三五"规划》，提出到2020年，我国要建成与有效应对公共安全风险挑战相匹配、与全面建成小康社会要求相适应、覆盖应急管理全过程、全社会共同参与的突发事件应急体系，应急管理基础能力持续提升，核心应急救援能力显著增强，综合应急保障能力全面加强，社会协同应对能力明显改善，涉外应急能力得到加强，应急管理体系进一步完善，应急管理水平再上新台阶。

2019年10月31日，党的十九届四中全会审议通过了《中共中央关于坚持和完善中国特色社会主义制度、推进国家治理体系和治理能力现代化若干重大问题的决定》，提出："必须加强和创新社会治理，完善党委领导、政府负责、民主协商、社会协同、公众参与、法治保障、科技支撑的社会治理体系，建设人人有责、人人尽责、人人享有的社会治理共同体，确保人民安居乐业、社会安定有序，建设更高水平的平安中国。"该决定首次提出了"社会治理共同体"的理念。

2020年10月29日，《中华人民共和国国民经济和社会发展第十四个五年规划和2035年远景目标纲要》（简称"十四五"规划）发布，"十四五"规划时期经济社会发展主要目标中提到了"国家治理效能得到新提升"。

《应急管理信息化发展战略规划框架（2018—2020）》提出了应急管理信息化发展的"四横四纵"总体架构，实现"统一标准规范、统一网络支撑、统一安全保障、统一数据服务和统一平台架构"。按照《应急管理信息化发展战略规划框架（2018—2020）》"四横四纵"总体架构及省市区对于应急管理信息化规划要求，应急管理体系建设主要分为以下六大内容：感知网络建设、应急通信网络基础建设、应急管理综合应用平台建设、政务管理信息化建设、信息化安全保障建设、智能运维建设。

二、公共安全应急预案体系与法规政策

《国家突发公共事件总体应急预案》是全国应急预案体系的总纲，明确了各类突发公共事件分级分类和预案框架体系，规定了国务院应对特别重大突发公共事件的组织体系、工作机制等内容，是指导预防和处置各类突发公共事件的规范性文件。针对各级各类可能发生的事故和所有危险源制定专项应急预案和现场应急处置方案，并明确事前、事发、事中、事后的各个过程中相关部门和有关人员的职责。

（一）应急预案的构成

1. 综合应急预案

综合应急预案是从总体上阐述处理事故的应急方针、政策，应急组织结构及相关应急职责，应急行动、措施和保障等基本要求和程序，是应对各类事故的综合性文件。

2. 专项应急预案

专项应急预案是针对具体的事故类别（如煤矿瓦斯爆炸、危险化学品泄漏等事故）、危险源和应急保障而制定的计划或方案，是综合应急预案的组成部分，应按照综合应急预案的程序和要求组织制定，并作为综合应急预案的附件。专项应急预案应制定明确的救援程序和具体的应急救援措施。

3. 现场处置方案

现场处置方案是针对具体的装置、场所或设施、岗位所制定的应急处置措施。现场处置方案应具体、简便、针对性强。现场处置方案应根据风险评估及危险性控制措施逐一编制，做到事故相关人员应知应会，熟练掌握，并通过应急演练，做到迅速反应、正确处置。

（二）国家专项应急预案

自然灾害类突发公共事件专项应急预案（5件）：《国家自然灾害救助应急预案》《国家防汛抗旱应急预案》《国家地震应急预案》《国家突发地质灾害应急预案》《国家处置重、特大森林火灾应急预案》。

事故灾难类突发公共事件专项应急预案：《国家安全生产事故灾难应急预案》《国家处置铁路行车事故应急预案》《国家处置民用航空器飞行事故应急预案》《国家海上搜救应急预案》《国家处置城市地铁事故灾难应急预案》《国家处置电网大面积停电事件应急预

案》《国家核应急预案》《国家突发环境事件应急预案》《国家通信保障应急预案》。

公共卫生类突发公共事件专项应急预案：《国家突发公共卫生事件应急预案》《国家突发公共事件医疗卫生救援应急预案》《国家突发重大动物疫情应急预案》《国家重大食品安全事故应急预案》。

除国家专项应急预案外，另外还编制了国务院部门应急预案，主要是国务院有关部门根据总体应急预案、专项应急预案和部门职责为应对突发公共事件制定的预案。

（三）地方应急预案

突发公共事件地方应急预案具体包括：省级人民政府的突发公共事件总体应急预案、专项应急预案和部门应急预案；各市（地）、县（市）人民政府及其基层政权组织的突发公共事件应急预案。上述预案在省级人民政府的领导下，按照分类管理、分级负责的原则，由地方人民政府及其有关部门分别制定。

各类突发公共事件包括7个方面的基本内容：一是建立突发公共事件应急处置指挥机构的组成和相关部门的职责及权限，包括各类应急组织机构与职责、组织体系和框架等；二是建立突发公共事件的监测和预防预警制度，包括预警信息、预警行动、预警支持系统等；三是建立突发公共事件信息的收集、分析、报告和通报的制度；四是建立突发公共事件应急处置技术及相关机构，依靠科学技术提高专业化水平；五是建立切实可行的突发公共事件分级和应急处置的工作方案，包括指挥协调、人员撤离、紧急避难场所、医疗救治、疫病控制、新闻发布等；六是建立突发公共事件有关重要物资的储备与调度制度，以及通信、交通、技术、医疗、治安、资金和社会动员保障等；七是建立突发公共事件应急处置专业队伍的建设和培训制度，包括演练等。

《国家突发公共事件总体应急预案》和其他各类突发公共事件的应急预案体现了政府强烈的责任意识，也表达了应急管理工作接受社会、民众监督的意愿，将在国家和地方的防灾减灾、社会主义和谐社会的构建过程中发挥巨大作用。

（四）《中华人民共和国突发事件应对法》

《中华人民共和国突发事件应对法》是一部规范突发事件的预防与应急准备、监测与预警、应急处置与救援、事后恢复与重建等应对活动的重要法律，对于预防和减少突发事件的发生，控制、减轻和消除突发事件引起的严重社会危害，保护人民生命财产安全，维护国家安全、公共安全、环境安全和社会秩序，具有重要意义。该法律共7章，分别为总则、预防与应急准备、监测与预警、应急处置与救援、事后恢复与重建、法律责任、附则，提出"国家建立统一领导、综合协调、分类管理、分级负责、属地管理为主的应急管理体制"。

综合协调有两层含义，一是政府对所属各有关部门、上级政府对下级各有关政府、政府与社会各有关组织、团体的协调；二是各级政府突发事件应急管理工作的办事机构进行的日常协调。综合协调的本质和取向是在分工负责的基础上，强化统一指挥、协同联动，以减少运行环节、降低行政成本，提高快速反应能力。

分类管理，是指按照自然灾害、事故灾难、公共卫生事件和社会安全事件四类突发事件的不同特性实施应急管理，具体包括：根据不同类型的突发事件，确定管理规则，明确分级标准，开展预防和应急准备、监测与预警、应急处置与救援、事后恢复与重建等应对活动。此外，由于一类突发事件往往有一个或者几个相关部门牵头负责，因此分类管理实际上就是分类负责，以充分发挥诸如防汛抗旱、核应急、防震减灾、反恐等指挥机构及其办公室在相关领域应对突发事件中的作用。

分级负责，主要是根据突发事件的影响范围和突发事件的级别不同，确定突发事件应对工作由不同层级的政府负责。一般来说，较大的自然灾害、事故灾难、公共卫生事件的应急处置工作分别由发生地县级和设区的市级人民政府统一领导；重大和特别重大的，由省级人民政府统一领导，其中影响全国、跨省级行政区域或者超出省级人民政府处置能力的特别重大的突发事件应对工作，由国务院统一领导。社会安全事件由于其特殊性，原则上也是由发生地的县级人民政府组织处置，但必要时上级人民政府可以直接处置。需要指出，履行统一领导职责的地方人民政府不能消除或者有效控制突发事件引起的严重社会危害的，应当及时向上一级人民政府报告，请求支持。接到下级人民政府的报告后，上级人民政府应当根据实际情况对下级人民政府提供人力、财力支持和技术指导，必要时可以启用储备的应急救援物资、生活必需品和应急处置装备；有关突发事件升级的，应当由相应的上级人民政府统一领导应急处置工作。

属地管理为主，主要有两种含义：一是突发事件应急处置工作原则上由地方负责，即由突发事件发生地的县级以上地方人民政府负责；二是法律、行政法规规定由国务院有关部门对特定突发事件的应对工作负责的，就应当由国务院有关部门管理为主，例如《核电厂核事故应急管理条例》规定，全国的核事故应急管理工作由国务院指定的部门负责。

《中华人民共和国突发事件应对法》为我国处置突发公共安全事件提供了法律依据，尤其是丰富了行政管理方面的规定。该法从政府的角度出发，全面细致地对于在行政方面应对突发公共安全事件做出了规定，强调统筹协调，注重各级机关、各个部门之间的权力协调行使，管理分类负责，以更加科学有效地应对突发公共安全事件。

（五）《中华人民共和国国家安全法》

《中华人民共和国国家安全法》对政治安全、国土安全、军事安全、文化安全、科技安全等11个领域的国家安全任务进行了明确，共7章84条，自2015年7月1日起施行。《中华人民共和国国家安全法》第二十九条规定："国家健全有效预防和化解社会矛盾的体制机制，健全公共安全体系，积极预防、减少和化解社会矛盾，妥善处置公共卫生、社会安全等影响国家安全和社会稳定的突发事件，促进社会和谐，维护公共安全和社会安定。"如果突发事件的影响危及"国家政权、主权、统一和领土完整、人民福祉、经济社会可持续发展和国家其他重大利益"，公共安全问题就可能升级为国家安全问题，一般的突发事件也就演变成了危害国家安全的重大或特别重大事件。

（六）加强公共事件应急预案体系建设

1. 不断修订和完善应急预案体系

我国目前已经建立了比较完备的公共安全应急预案体系，但实践证明，目前的公共安全应急预案在分级方面有所欠缺，还需要进一步完善。分级预案将应对突发事件的责任、范围等在地域上划清楚了，但没有考虑到事件的严重性是容易出现交叉的情况。因此，对一些大范围、多种类并发的突发事件来说是不适用的。目前，不论是国家层面，还是地方层面或者是部门的各类应急预案，都只针对特定突发事件，而"复合性突发事件"很容易扩大突发事件所造成的消极影响。如果两种以上预警级别低的突发事件同时发生，可能就会导致预警级别的提高。因此，要根据形势的变化、人员的调整，结合公共安全事件的经验、教训，最新的研究成果，对公共安全应急预案做经常性的修订和完善。

2. 加强问责机制

人的因素在处理突发公共事件中的作用是不可低估的，而从目前情况看，有的地方领导可能出于这样那样的考虑，瞒报、漏报、缓报甚至隐匿不报的现象时有发生。因此，需要在应急预案中强化问责机制。问责，是问责对象就其决策、行为、行为后果向问责主体进行说明、解释、辩护，并据此接受问责主体的奖励或惩罚的过程。当前，在问责中存在着这样两个问题，即问责对象定位不准确和问责不及时，从而影响了问责效果。鉴于此，在突发公共事件应急预案中，需要依法完善和强化行政问责机制。同时，为了避免问责不及时从而使问责效果大打折扣，在突发公共事件发生之后，有关部门就应当依法及时介入，将责任追究作为应急处置过程中的一个不可或缺的环节。

3. 强化公民、非政府组织及媒体的作用

在《国家突发公共事件总体应急预案》中，没有规定普通民众应该如何在危机中采取积极的行动。在信息化时代，公民、非政府组织及媒体在应急管理体系中也会发挥重要作用，因此，应在预案中建立完善的公众参与机制，从而帮助政府更好、更及时地掌握各种信息，采取主动应对行动，减少灾害造成的损失。应该进一步完善运行机制，使公民、非政府组织及媒体能够更好地与政府部门协作，及时地对相关事件做出反应。

第二章　重大公共安全事件
行为管理的理论基础

第一节　管理学相关理论

一、危机生命周期理论

美国危机管理学家斯蒂文·芬客（Steven Fink）1989年在《危机管理：对付突发事件的计划》一书中提出了危机生命周期理论。这一理论最初应用于管理学领域，研究企业发展过程中各个时期可能面临的危机。随着社会的发展，公共安全突发事件频发，危机生命周期理论也被众多研究者用于突发危机事件生命轨迹的分析中。生命周期是个体从出生、成长到衰老和死亡的整个生命运动过程，危机事件的生命周期理论正是展现了公共危机事件中，从危机因子初现到处置结束整个过程中呈现的不同生命特征。具体来说，生命周期理论将公共危机事件的发展演变分为四个阶段：危机酝酿期、危机爆发期、危机延续期、危机消退期。

（一）危机酝酿期

危机酝酿期是整个危机生命周期的初始时期，危机事件在此阶段会出现危险线索进而提示潜在风险的存在。危机事件的形成并非一蹴而就，危机的发展是阶段性的进程，是众多潜在风险积累到一定量，产生量变到质变跃迁的过程，在量的积累阶段是抑制危机爆发的关键环节，若有关部门在常规工作与例行检查中保持高敏感度，及时发现潜在风险，采取必要的措施与手段及时进行早期监测与预防，可在很大程度上缩小危机事件的辐射面，减弱危机强度，从而最大程度降低危机事件对社会发展与人类生存带来的危害。当然，如果处置措施及时且得当，甚至可能从根源上避免公共危机事件的发生，在萌芽阶段结束整个危机生命周期，这是最理想化的结果。实际上，多数公共危机事件的潜在因素都过于隐蔽，爆发难以避免，密切监测、及时止损，是处置危机的有效手段。

在酝酿期，危机已经出现，但是尚未大面积爆发，此时需要从根本上进行风险管理。以病毒的宿主是野生动物为例，国家层面应通过推动立法，严禁捕食野生动物，提升居民的卫生水平，减小风险发生的概率。同时，地方政府的应急管理部门与卫生健康部门联合制定适合本地情况的公共卫生应急预案，做好相关人员培训与公众的公共卫生应急管理知识普及工作，提高救人与自救能力。

（二）危机爆发期

危机爆发期的出现预示着危机酝酿期的潜在提示线索没有得到良好利用，危机事件因子已经积累到一定量，并突破警戒线，已进入大规模的爆发阶段。此阶段的爆发程度与威胁强度可以衡量酝酿阶段所采取的措施的有效性。如果在爆发期能够顺利承接酝酿期的危机预防模式，对其稍加调整，积极应对，就可将危机的影响掌握在可控范围内；若在酝酿期，没有摸清危机的根源，对危机的影响因素与潜在威胁有所疏漏，有关部门需要重新采取措施进行处置应对。事实上，由于此阶段危机呈井喷式爆发，处置的时效性尤为重要，如果错过了遏制危机进一步爆发的关键时期，就很有可能使危机的辐射面进一步扩大，以致达到无法挽回的程度，造成巨大的社会影响与生存危机。

在危机爆发期，应对各种流行病发生情况进行日常监测和预警，也包括对特殊时期、特殊地区的预防性措施，减轻医疗救治费用负担，改善隔离人员的生活保障，科研单位与有关院所需加快攻克医学难题的进度，积极投入到试剂与药物的研发中去，依照酝酿期制定的应急管理预案，妥善开展各方面工作。

航班大规模延误引发的旅客不理智行为与聚集事件

在民航业，遇到天气原因造成的大面积航班延误事件屡见不鲜。与航班大面积延误事件一同而来的，是大量的关于旅客的不理智行为与延误导致的大规模聚集事件，若航班延误的应急预案不完善，就极易演化成一场重大社会安全事件。

2010年7月，成都双流机场，因航班延误，两位乘客把某航空公司乘务员推下候机楼，使其重伤；2011年7月，深圳宝安国际机场，因天气原因导致航班延误，部分旅客围攻打伤前来维持秩序的5名民警；2011年7月，石家庄机场，受雷雨影响机场大面积延误，一名旅客将处在怀孕期的机场服务人员踹倒在地；2013年1月，云南昆明长水国际机场，由于气象预报不够严谨，一场大雾引起近7500名旅客滞留，造成了云南民航史上最大规模的航班延误事件；2017年8月，因受流量管控、雷雨天气等因素影响，沈阳桃仙国际机场出现了大面积航班延误现象，部分滞留旅客情绪失控，冲击安检工作人员，扰乱安检现场秩序；2019年5月，郑州飞往广州的航班因天气原因发生延误，部分旅客情绪激动，要求工作人员下跪道歉……

航班延误事件的解决涉及航空公司、空管部门、机场调度等诸多方面和部门，如果应急处置不当，导致延误的实质问题得到解决后，机场仍处于混乱状态，航班无法正常起降，机场服务提供不足，这些可能激怒旅客，进而出现破坏公共设施、殴打工作人员的现象，从而诱发社会安全事件。

（三）危机延续期

危机爆发后没有得到有效抑制，公共危机事件进入延续期，危机的辐射面持续加大，已经从危机产生的最初领域扩散到其他各个领域，产生连带的负面影响，出现扩散效应，甚至会冲击完全不相关的特殊领域，从而造成更深程度的危机爆发，广泛影响人们生活的方方面面，造成大面积的群众恐慌、社会动荡、经济危机，严重者甚至威胁人类的生存。

延续期需进一步加大疫情监测，无论是疾控系统还是地方政府，只要认为存在公共卫生事件的风险，都应当及时向上级有关部门汇报，加强疫情相关知识与技能方面的公众普及力度，适当组织线上宣讲与培训活动，持续提高居民对突发公共卫生事件的认识程度和应对能力，同时为公众提供适宜的心理健康调适策略，调节疫情持续发展给公众造成的恐慌情绪与心理压力。

（四）危机消退期

此阶段是危机生命周期的最后阶段，也是危机管理的关键一环。经过酝酿期、爆发期与延续期的紧急处理后，危机可能得到了一定程度的有效应对，但是由于公共危机事件的牵扯因素众多，影响范围广泛，很可能表面看起来风平浪静，但是暗潮涌动，残余的危机因子经过重新发酵再次经历危机事件的生命周期轮回。所以，在此阶段不可放松警惕，要积极建立危机长效预警与监测机制，防止危机卷土重来。

在危机消退期，需要更加注重常态化防控与医护人员的奖赏与补偿，比如对患者长期健康状况的监测和并发症医疗费用的分担，对参与救援人员（如医护人员、社区工作者以及志愿者等）经济和健康损失进行补偿；对疫情防控中的优秀事迹进行宣传与褒奖，恢复经济社会运行的其他各项支持性政策；等等。

二、公共危机治理理论

公共危机治理中的治理主体不局限于政府，是经多方组织协商谈判，动态化地治理危机事件的一种体制，对于推动我国长远的危机处置与应急管理有所助益。公共危机治理区别于传统意义上的公共危机管理，非政府唯一主体，其公共管理主体具有多元化的特点，包括中央和地方的政府部门以及私营部门、第三方组织等非政府部门。在社会危机治理中，不论是政府部门还是非政府部门，只要公众认可其权力的行使，就有可能成为各层面中的社会治理主体。治理主体的多元性导致了管理方式的多样性，政府主体的危机管理往往具有强制性与体制性，以行政手段为主，是自上而下的命令式管理，政府的决策直接影响到公共危机管理中的公众应急处置。事实上，政府的危机治理能力与重大社会问题的匹配度也会存在偏误，如果公众与地方组织只是一味地响应高层命令，这种单一的治理模式并不是最高效的，在公众应对危机时往往捉襟见肘。因此，具有多元化治理主体与治理手段的公共危机治理应运而生，这一多元主体的公共管理行动体系，会进一步推动公共危机治理向自主自治的形态发展，更能满足我国应对危机的长远需要。

同时需要强调的是，公共危机治理是多向互动过程，非政府部门的参与不是一时的，而是在整个危机事件中持续发挥作用，它往往通过多个危机主体间相互协作、谈判沟通来达成共同的治理目标，进而全方位、有针对性地应对当下的公共危机事件，快速高效地进行危机处置，最终消除危机。总的来说，公共危机治理是一种非正式制度，没有固定的模式，非政府部门单独治理的体制，其灵活性更高，即时性更强，能够更好地进行资源整合与共享，分担政府的部分职责和权力，集合多方力量完善公共危机治理体系，最终实现社会共同利益最大化和最终的治理目标。

三、演化博弈理论

演化博弈论是基于博弈论发展出来的一种理论，是一种生命科学理论，借鉴了大量生物进化学和种群遗传学的思想。演化博弈理论不仅能够解释生物学中的想象，对于现实情境中的经济管理问题也能够给出适宜的分析与解释，是现代博弈理论的重要研究领域之一。随着研究的深入，演化博弈被广泛运用于经济学、管理学等领域，通过演化博弈的方法能够有效地研究分析社会规范、行为习惯、制度体系的形成过程和影响因素。

传统的博弈论认为参与者应是绝对理想化的管理者，在每个决策阶段保持清醒冷静，不允许犯错，而事实上，"人非圣贤，孰能无过"，人的感知觉与认知能力、语言沟通与表现的限制决定了决策人几乎不会处于完全理性的状态，其理性都具有一定的局限性。在危机管理中，各个主体作为社会人都会受到社会制度、社会环境、经济体制、博弈问题本身的复杂性等因素的影响，体现出信息不完全和博弈主体的有限理性。

相比于传统博弈，演化博弈最大的特点在于强调动态均衡，即把博弈论分析与动态演化过程分析相融合。演化博弈理论提出了有限理性假设。有限理性代表着博弈主体需要通过一个不断地学习、探索、试错的过程才能最终确定最优策略，这一点与生物进化原理相似。演化博弈论探索随着时间变化的某一群体在演化过程中的动态过程，并对群体为何以及如何达到这一状态给出解释。可以通过建立策略选择和调整的动态过程来对有限理性假设下的博弈主体进行有效分析。

墨西哥湾漏油事件　英国石油公司决策失误

2010年4月20日，英国石油公司租用的一个名为深水地平线（Deepwater Horizon）的深海钻油平台，在墨西哥湾发生井喷并爆炸，事件造成11人死亡。事发之后，多艘船舰参与扑灭大火，但没有成功。钻油平台燃烧约36小时后，最终于4月22

日早上沉没。大量的石油源源不断地从海底冒出来，截至7月15日，此次事件导致了320万桶原油泄漏，至少2500平方公里的海域被石油覆盖。

关于墨西哥湾漏油事故的最终报告认为，此次事故并非不可避免，英国石油公司及其合作商缺乏有效的体系确保生产安全，所采取的一系列削减时间和成本的措施最终导致了灾难的发生；如果不对相关产业进行重大改革，类似悲剧可能再次上演。此次"墨西哥湾漏油事件"责任可归咎于管理方面的疏漏，认为企业在做出决定时缺乏对安全风险的考虑，美国政府监管者也缺乏防止安全漏洞出现的资源、专业知识和权力。

选择和突变是演化博弈模型建立的两个基本条件，缺少其中任何一个方面都不能构成演化博弈模型。影响群体变化的因素既具有一定的随机性和扰动现象（突变），又有通过演化过程中的选择机制而呈现出来的规律性。选择指在博弈策略选择中能够获得较高收益的策略，在不断重复博弈的过程中会被更多的参与群体所选择；突变则指在策略选择过程中不论获得的收益大小，总有部分个体的策略选择异于大部分主体的策略选择。可以将突变看成一个不断试错和学习模仿的过程，在不断重复选择下，更优的策略得以保存下来，成为最终的策略选择。大部分演化博弈理论的预测或解释能力取决于群体的选择过程，通常群体的选择过程都具有一定的惯性，同时这个过程也潜伏着突变的动力，从而不断地产生新变种或新特征。

综上所述，可以将演化博弈模型的特点归纳如下：①演化博弈模型的主要研究对象为参与博弈的各个主体，研究的主要目的在于通过分析各主体间的动态演化过程，找出各主体选择当前这一状态的主要因素，以及形成这一状态的过程；②各博弈主体在演化中既存在选择较高支付策略的选择过程，也存在不断试错的突变过程；③通过博弈主体选择后的行为策略具有一定的惯性。

四、风险偏好理论

所谓风险，在经济学上将其定义为行为人在知晓采取某种决策可能结果的情况下，同时知道各种结果发生概率的不确定性，即行为人采取的某一决策可能会导致多个结果，且出现各种结果的概率是有可能知晓的。不同的行为人对风险的态度不同，有些人更倾向于承担高风险的行为，而有些人则更倾向选择较为稳健的低风险行为决策。

行为人承受风险情况的偏好特征可以被用于测量其为降低所面临的风险而进行支付的意愿。依据人们对于风险的态度可将风险偏好分为风险厌恶型、风险爱好型和风险中立型。风险厌恶型是人们在降低风险的成本与收益的权衡过程中，在相同的成本下更倾向于做出低风险的选择。风险爱好型的人们喜欢冒险，喜欢结果不那么确定的投机，不喜欢较稳定但低收益的结果，因此这类风险偏好人群期望值的效用大于风险本身的期望效用。而对于风险中立型人群来说，他们既不主动追求风险，也不主动回避风险，只关心预期回报率的大小，而对风险本身的大小并不在意。行为人的风险偏好会直接影响其在危机事件中的行为决策，同时也会影响危机管理中其他主体的行为选择。

第二节　心理学相关理论

一、操作性条件反射理论

在个体发展的早期，无条件反射和应答性条件反射在各种行为、活动中起着主导的作用，但随着年龄增长，幼儿出现了更多的复杂行为，其中大量的行为并没有受本能活动的直接影响，其形成的因素较为复杂，无法仅用应答性条件反射加以解释。在日常生活中，经常可以见到各种复杂的条件反射行为，如驾驶员按照红绿灯指示通行、公民依法主动缴纳个人所得税、管理方用醒目的招牌提醒注意安全、疫情防控期间采取扫码登记等。

以美国心理学家斯金纳（Skinner）为代表的新行为主义者，通过大量的动物实验，进一步发现了动物和人在特定环境条件下表现出的主动行为，在得到强化物的情况下可以被增强的规律，进而提出了操作性条件反射理论，也被称为工具性条件反射（operant conditioning）。

操作性条件反射中的关键是行为的结果可以对某种行为的增减产生影响。"如果你想增强某种行为，就奖赏它！"依据这一信条，当个体表现出某种行为时，立即进行反馈使其得到某种特定的行为结果，这个行为结果通常有两种可能：一是令人满意的刺激物，其作用是增强行为；二是令人不愉快的刺激物，其作用是减少这个行为的出现。由此，操作性条件反射中，个体主动发出某个行为之后，紧接着出现的刺激物起到了反馈作用，对行为起着制约作用，如果该刺激是令人满意或愉快的，则是强化过程；如果该刺激是令人不愉快的，则是惩罚过程。也就是说，凡是行为结果可使行为增加的，就是强化过程；而凡是行为结果可使行为减少的，就是惩罚过程。

二、社会学习理论

社会学习理论的代表人物班杜拉（Bandura）提出了观察学习的观点，他认为个体的行为是与认知、环境等因素交互作用而成的，个体可以通过观察他人行为而获得或改进行为。班杜拉认为行为习得有两种：第一种是通过直接经验获得行为反应模式的过程，即直接经验的学习；第二种是通过观察示范者的行为而习得行为的过程，即间接经验的学习。班杜拉认为观察学习也离不开强化因素的作用，观察者通过观察示范者的行为，表现出模仿行为，其行为结果可以通过外部强化、自我强化和替代性强化等得到增强。

班杜拉认为，观察学习主要受注意过程、保持过程、动作重现过程、动机过程四种心理过程的控制（李祚山 等，2013）。

（一）注意过程

注意过程主要能引起观察者对示范者的注意，使其产生学习的愿望。如果人们对榜样行为的重要特征不加注意，就无法通过观察进行学习。注意过程决定着在大量的榜样影响中选择什么作为观察的对象，并决定着从正在进行的榜样活动中抽取哪些信息。

影响学习者注意过程的因素主要有示范行为的特性、示范者（榜样）的特征、观察者的特点等。

1. 示范行为的特性

示范行为的显著性、复杂性、普遍性和实用价值等影响着观察学习的速度和水平。独特而简单的活动容易成为观察的对象。示范行为越流行，就越容易被模仿，如各种大众传播媒介中的示范行为极易成为大众学习的榜样行为，在信息化时代，影视明星的行为更容易成为青少年乃至普通大众的学习对象。此外，敌对的、攻击性的行为比亲社会行为更易于被人们模仿，榜样行为被奖励比被惩罚更能引起模仿的倾向。因此，应特别关注网络等新媒体以及电视等传统媒体所传播的明星、虚拟人物甚至"网红"等的行为表现，他们往往可能成为行为示范者而影响范围极其广大的观众。

2. 示范者（榜样）的特征

示范者也就是榜样。示范者对于学习者的观察学习影响较大。在年龄、性别、兴趣爱好、社会背景等方面与观察者越相似的榜样，越容易引起人们的注意。同时，人们倾向于注意那些受人尊敬、地位较高、能力较强、拥有权力且具有吸引力的榜样，而社会地位较低、能力较弱、权力小且缺乏吸引力的榜样，则难以成为模仿的对象。

3. 观察者的特点

观察者本身的信息加工能力、情绪唤醒水平、知觉定势、人格特征和先前经验等也影响着观察学习。信息加工能力强、情绪唤醒水平高的个体，能从观察中学到更多的东西。观察者过去形成的知觉定势，会影响到他们在观察中抽取什么特征以及如何对所见所闻做出解释。缺乏自信、低自尊、依赖性强的人，更易于注意他人并模仿榜样行为。同时，先前获得强化经验的行为在当前的观察学习情境中，将比较容易受到注意。

（二）保持过程

保持过程使观察者在观察到榜样的示范行为后，将这种示范以符号编码的形式保存下来。观察者把这种反应模式以符号的形式保存在记忆系统中。在以后个体才能根据言语符号来唤醒表象，并指导自己的行动。

班杜拉认为，示范信息的保持主要依赖于两种符号系统，即表象系统和言语系统。在儿童发展早期，视觉表象在观察学习中起着重要作用；在他们的言语技能发展到一定阶段时，言语编码就成为主要的信息保存形式。同时，动作的演练也可作为一种重要的记忆支柱。有些通过观察而习得的行为，由于社会禁令或缺乏机会，不能用外显的手段轻易地形成，此时如能在头脑中进行心理演练，也可大大提高熟练程度，增强保持时间。

（三）动作重现过程

动作重现过程就是将符号表征转化为实际动作的过程。这个过程决定了哪些已经习得的动作转变为行为表现的范围和程度。一个人即使已经充分注意到了榜样行为，并把它经过编码后良好地保持在记忆中，但是如果没有适当的动作能力，个体仍不能再现这种行为。

班杜拉认为，个体对榜样行为的再现过程可以划分成反应的认知组织、反应的发起和监控以及在信息反馈基础上的精练。在行为实施的初始阶段，反应在认知水平上得到筛选和组织。学习者能否用行为的方式表现观察学习的内容，部分取决于他们是否已具备再现榜样行为所必需的子技能。如果学习者已具备这些子技能，则很容易综合起来，产生新的反应模式；相反，行为的再现就会很困难，必须首先发展这种基本的子技能。

要把观察学习到的东西付诸行动，在行为水平上还存在着其他障碍。观察在第一次转化成行为时，很少是准确无误的。观察和行为的完全一致通常是通过对初步尝试的正确调整而得到的。符号表征与实际行为之间的差异，可用来作为矫正动作的线索。在学习复杂技能时的一个常见问题是，操作者无法全面观察自己的反应，他们只能依赖模糊的动作线索或观察者的口述来得到一些行为再现情况的信息，但是这些是难以有效指导行为的。

仅仅通过观察，技能不会完善；仅仅通过试误，技能也不会得到发展。在日常学习中，人们通常是通过观察榜样来初步学习新的行为，然后经过不断的自我矫正和调整，逐渐熟练掌握这种技能。

（四）动机过程

动机过程包括外部强化、替代强化和自我强化。外部强化表现为，在榜样行为发生后，观察者通过观察学习，进而表现出同样的行为来，其结果是观察者得到令自己满意的强化结果，则以后观察者更倾向于再次展示这一行为。替代强化，是指观察者观察到榜样行为得到的后果是令榜样满意的强化结果，尽管观察者自身并没有直接得到正强化，但其效果和自己直接体验到的满意后果是一样的，从而促进观察者今后更倾向于再次表现出同样的行为。这种替代强化的效果体现在，通过观察而习得的行为中，看到他人获得积极效果的行为，比看到他人得到消极结果的行为，更容易表现出来。而自我强化则表现为观察者对自己行为的结果评定，如果得到的是令自己满意的正强化物，则倾向于再次发生该行为。自我强化实质上是指人们能够自发地预测自己行为的结果，并依靠信息反馈进行自我评价和调节。班杜拉特别强调替代强化及自我强化的作用，强调学习中的认知性和学习者的主观能动性。

班杜拉认为，由于大量因素影响观察者学习，因此即使展示出最引人注目的榜样，也不会使观察者产生相同的行为。如果要使观察者最终表现出与榜样相匹配的反应，就要反复示范榜样行为，指导观察者如何去再现这种行为，并当他们失败时客观地予以指点，当他们成功时给予奖励。

儿童模仿动画片中的剧情酿成大祸

前些年，儿童受影视作品影响，模仿剧情受到伤害的事件屡屡发生。

2013年4月，东海县石榴街道办麻汪村，李某顺在村边树林里模仿动画片《喜羊羊与灰太狼》中烤羊肉串的剧情，把李某冉和李某两人绑在树上，点燃树叶，火势蔓延，导致他们严重烧伤，险些丧命，后两人被村民救下。

2014年3月，一名两岁半的男孩因模仿动画片《熊出没》里的光头强，用斧头把自己的两根手指砍伤。2016年，陕西汉中的一个10岁女孩，翻出家里的一把电锯，模仿《熊出没》动画片中光头强的动作，结果锯到了5岁妹妹的脸上，导致妹妹鼻子和右脸受伤，给妹妹造成了巨大的伤害。

2018年4月，芜湖繁昌县某小区内，一名年仅6岁的女孩独自在家时，不知何故竟拿着一把小伞从家中窗户坠下，掉落到6楼门面房阳台上。所幸经过送医检查，小女孩仅受了皮外伤。据知情人透露，小女孩可能是受动画片的影响，撑伞跳楼。

三、认知行为理论

认知行为理论认为，在认知、情绪和行为三者中，认知扮演着中介与协调的作用。认知对个人的行为进行解读，这种解读直接影响着个体是否最终采取行动。认知的形成受到"自动化思考"（automatic thinking）机制的影响。所谓自动化思考是指经过长时间的积累形成了某种相对固定的思考和行为模式，行动发出已经不需要经过大脑的思考，而是按照既有的模式发出。或者说在某种意义上思考与行动自动地结合在一起，而不假思索地行动。正因为行动是不假思索的，个人的许多错误的想法、不理性的思考、荒谬的信念、零散或错置的认知等，可能存在于个人的意识或察觉之外。因此，要想改变这种状况，就必须将这些已经可以不假思索发出的行动重新带回个人的思考范围之中，帮助个人在理性层面改变那些不想要的行为（莱德利 等，2012）。认知行为理论的主要分支有艾里斯的理性情绪疗法、贝克的认知疗法、梅晨保的自我指导训练法等。下面主要讨论艾里斯的理性情绪疗法。

（一）理性情绪疗法的含义

理性情绪疗法是美国临床心理学家艾里斯（Airis）在20世纪50年代创立的，它是通过改变个体的认知模式来减少来访者内心冲突的一种心理疗法。理性情绪疗法的一个基本假定是：个体的情绪来自他对所遭遇的事件之后的信念、评价、解释或哲学观点，而不是来自事件本身。情绪和行动受制于个体的认知，改变了认知，情绪和行为的困扰就会在很大程度上得到改善。所以在理性情绪疗法的治疗过程中，总是把认知改变摆在最突出的位置，给予最优先的考虑。

理性情绪疗法的提出是和艾里斯的人性观紧密联系在一起的。艾里斯认为，人既是理性的，又是非理性的。人兼具两种思维：理性思维和非理性思维。理性的思维是合理的，它使人珍惜生命，致力于追求人生的理想和价值。当人们按照理性思维去行动时，他们就会是愉快的以及卓有成效的。而非理性的思维是不合理的思维，它使人迷信固执、自怨自艾、盲目冲动、缺少涵养、要求自己和他人十全十美，难以与人建立和谐的关系。例如，甲乙两人遭遇了同样的事件——由于工作失误造成一定的经济损失，于是产生了很大的情绪波动。在总结教训时，甲认为吃一堑长一智，以后一定要小心谨慎，防止再犯错误，努力工作，把造成的损失弥补回来。由于有了正确的认知，产生合乎理性的信念，所以没有导致不适当的情绪和行为后果。而乙则认为发生如此不光彩的事情，实在丢尽脸面，表明自己能力太差，怎好再见亲朋好友。因为存在这样错误的或非理性的信念，乙再也振作不起精神来，最终导致了不适当的甚至是异常的情绪和行为反应。可见，人的大部分情绪或心理的困扰，都是由于这种不合理性的思维或信念所导致的（表2-1列举了生活中经常会出现的部分不合理信念）。

在情绪的A—B—C理论中，艾里斯详细地论述了人的情绪不是由某一诱发性事件本身所引起，而是由经历了这一事件的人对事件的解释和评价所引起的这一基本观点。在这个理论模式中：A是指诱发性事件（activating events）；B是指个体在遇到诱发事件之后相应而生的信念（beliefs），即他对这一事件的看法、解释和评价；C是指特定情景下，个体的情绪及行为的结果（consequence）。

通常人们会认为，情绪引起的行为反应是直接由诱发性事件A引起的，即A引起了C。A—B—C理论则指出，诱发性事件A只是引起情绪及行为反应的间接原因，而人们对诱发性事件所持的信念、看法、解释B才是引起人情绪及行为反应的更直接的原因。艾里斯进一步认为，由于人是可以使用语言符号的，就像思维这一内在语言一样，人的情绪也可以通过自我语言或内在句子的形式得以维持。人们在日常生活中反复不断重复的话语，将内化为自己的思想，并左右自己的情绪。为此，艾里斯指出，帮助人们改变不良的情绪和行为反应，最迅速、最牢固、最持久、最高雅的技术就是促进他们清楚地发现各种信念强烈地告诉了自己什么，并教导他们如何主动地有活力地驳斥自己的这些非理性信念。

表2-1 生活中常出现的部分不合理信念

◆ 每个人都要取得周围其他人的喜爱和赞许
◆ 有价值的人应在各个方面都比别人强
◆ 世界上有些人很邪恶、很可憎,是坏人,应严厉谴责和惩罚他们
◆ 任何事情都应该按自己的意愿发展,否则会很糟糕
◆ 要面对人生的艰难和责任,实在不容易,倒不如逃避来得容易
◆ 人的不愉快是由外界因素造成的,所以人实在是无法减少自己的痛苦和困惑
◆ 一个人应随时担心可能发生灾祸
◆ 已经定下的事是无法改变的

(二)理性情绪疗法的实施过程

理性情绪疗法在具体的实施过程中,一般要经历四个阶段:心理诊断阶段、领悟阶段、疏通阶段和再教育阶段。

1.心理诊断阶段

在心理诊断阶段,治疗者的主要任务是要与来访者建立起良好的工作关系,帮助来访者树立自信心,直接或间接地向来访者介绍A—B—C理论的基本原理。指出造成来访者心理问题的症结是其思维方式、信念的不合理,正是不合理的信念给他们带来了情绪的困扰。

理性情绪疗法十分重视治疗者和来访者之间的关系。理性情绪行为治疗师把建立和睦的咨访关系作为治疗的第一步。在治疗的一开始,治疗者就应该积极表达他们对来访者的关心、对其问题的关注,以及对来访者的理解和接受。让来访者能够感到自己被倾听,感到自己被理解,甚至觉得治疗者比自己还要了解自己。艾里斯指出这是一种积极的移情,他还认为最好的建立关系的方法是解决来访者现在的问题。治疗者应该透过来访者的主诉以及与来访者的交谈,摸清他所关心的各种问题,将这些问题根据所属性质和来访者对它们所产生的情绪反应进行分类,以来访者最迫切希望解决的问题为中心,与他们共同商讨制定治疗的终点目标。

2. 领悟阶段

领悟阶段是对来访者内心存在的非理性信念进行剖析的阶段。在这一阶段，治疗者不仅要帮助来访者认识到自己不适当的情绪表现和行为症状是什么样的，更重要的还应该使来访者意识到产生这些症状的原因是他自己造成的。即要寻找产生这些症状的思想或哲学根源，找出它们的非理性信念。

在寻找非理性信念并对它进行分析时要循序进行：第一，要了解有关激发事件的客观证据；第二，询问来访者对激发事件的主观体验以及他做出的反应；第三，要来访者回答为什么会对它产生恐惧、悲痛、愤怒的情绪，找出造成这些负性情绪的非理性信念；第四，分析来访者对激发事件同时存在理性的和非理性的看法或信念，并且将两者区别开来；第五，将来访者的愤怒、悲痛、恐惧、抑郁、焦虑等情绪和不安全感、无助感、绝对化要求和负性自我评价等观念区别开来。

3. 疏通阶段

在疏通阶段，治疗者主要采用辩驳的方法动摇来访者的非理性信念，或者采用夸张或挑战式的发问要来访者回答他有什么证据或理论对激发事件持与众不同的看法。通过反复不断地辩驳，来访者理屈词穷，不能为自己的非理性信念自圆其说。这使他真正认识到，非理性信念是不现实的，不合乎逻辑的，也是没有根据的。于是来访者开始分清什么是理性的信念，什么是非理性的信念，并用理性的信念取代非理性的信念。

这一阶段是理性情绪疗法最重要的阶段。在对来访者进行疏导教育时，除了与来访者的不合理信念进行辩驳外，治疗者还可以结合其他各种认知的、情绪的和行为的方法来进行。如给来访者布置认知性的家庭作业（如让来访者阅读有关本疗法的文章，或写一个与自己某一非理性信念进行辩驳的报告），或进行放松疗法以加强治疗效果，等等。

4. 再教育阶段

再教育阶段是治疗的最后阶段，旨在巩固和扩大辅导成果。在这一阶段中，治疗者除了要进一步帮助来访者摆脱旧的不合理的信念和思维方式外，还应进一步探查来访者是否还有其他的与症状无关的不合理信念存在，并引导来访者继续与之辩驳。与这些信念进行辩驳，能够使来访者在治疗过程中学到的合理思维方式得以强化，让合理的思维方式形成习惯；还能进一步巩固来访者在前一阶段所学到的与不合理的信念进行辩驳的方法，使来访者能够用辅导中学到的方法去理性面对现实生活。

这一阶段的治疗，通常还包括了对来访者的各种不同的程序训练，具体运用什么样的训练，这要视来访者的具体情况而定。如有针对性地给来访者一些解决问题的训练、社会技能训练和维护自身利益的训练等。这类的训练可以单独实施，也可以以小组形式进行集体训练。

第三节　大数据与公共安全管理

当今社会是一个全球化、信息化、多元化交织背景下的复杂社会形态，大数据(big data)是信息化时代的标志性产物之一，具有海量的数据规模(volume)、多样的数据类型(variety)、高速的数据流转(velocity)以及低价值密度(value)四大特征。随着信息技术和互联网的高速发展，大数据以其超越传统意义上的数据储存能力以及管理和分析能力，为数据处理与信息加工带来了根本性的变革，同时对公共安全管理也产生了举足轻重的影响。

实际上，网络危害社会公共安全的突出问题主要是网络谣言。信息化时代实现了现实问题网络化，可以说当前的很多现实群体性事件几乎都是在网上发酵、组织、成形。另外，由于网络的虚拟性、隐蔽性，一些别有用心的人通过网络制造谣言，煽动人群，很多得到转发、关注的帖子并不一定是真实的。如大家熟知的 2012 世界末日谣言、地震谣言、抢盐风波谣言，特别在警务舆情当中，几乎逢警必炒。在社会高度信息化以及言论自由的当前，网民参与公共话题讨论的范围越来越广，在网络社会热点中，不可避免地会出现谣言和不实信息，不仅极易造成社会恐慌，扰乱社会秩序，而且危及社会公共安全。

2015 年国务院颁布的《关于印发促进大数据发展行动纲要的通知》中明确指出："加强对社会治理相关领域数据的归集、发掘及关联分析，强化对妥善应对和处理重大突发公共事件的数据支持，提高公共安全保障能力，推动构建智能防控、综合治理的公共安全体系，维护国家安全和社会安定。"大量的实践已经证实，充分运用大数据手段能够最大限度实现社会公共安全的源头治理，降低转型期社会公共安全风险发生的概率和社会公共安全治理的成本。

自新冠疫情发生以来，数家科技互联网公司陆续通过数据和技术能力，给政府和全社会提供了大量数据支撑。如 12306 票务平台利用实名制售票的大数据优势，及时配合地方政府及各级防控机构提供确诊病人车上密切接触者信息；百度地图则推出迁徙地图，总结描绘人员来源地、目的地、迁徙规模指数、迁徙规模趋势图等；媒体平台以疫情地图、疫情趋势等形式，实时播报疫情动态，让权威准确的信息"跑"到谣言前面；居民在通过填写上报等形式提供自身数据的同时，充分利用海量疫情数据信息资源，采取有效自主防疫措施，做到全民参与。

一、大数据分析与风险管理

大数据是资源的集合体，对这种集合体的技术运用能力达到一定高度就可以运用到社会生活的方方面面，其中一个重要的领域就是风险管理。运用互联网收集来自各个方面的信息，再集成为大数据，进行综合分析，可有效强化公共危机的预警能力。实际上，对于风险管理而言，防患于未然是相当重要的，在危机刚刚出现的时候给予源头性的抑制，其风险管理成本与损失往往远低于亡羊补牢式的补救。合理利用大数据，运用大数据挖掘技术，监测社会风险管理中的风险因素，并有效地将风险因素及其关联信息筛选出来，就可以较大程度地辅助风险管理，提升风险管理效率。可见，合理利用大数据分析对于化解重大社会风险，防止群众恐慌和社会动荡具有重要意义。

网络时代变革了公共决策的运作形式与基本逻辑，大数据分析可被广泛应用于企业征信与风险评级。传统企业征信将信息进行集中收集与展示，但是对潜在的价值信息挖掘不够充分，也不深入，同时，传统的风险评级方法也过于单一，不能满足当今日益复杂的大环境与社会需要，大数据分析应运而生，它将数据量化整合，进行深入的数据挖掘，形成大数据平台，风险评级方面结合人工智能与机器学习，进一步搭建大数据征信系统。

大数据对风险治理的作用也体现在多个环节，包括识别风险、分析风险、资源储备、隐患排查、领导决策等环节。风险管理的目的在于"防患于未然"。如果将风险理解为实体的，则风险是有形的，是可防控的；如果将风险理解为建构的，则风险是无形的，仅存在于思维之中。在大数据时代，人、物和组织、环境的活动轨迹都会以数据的形式被记录。事实上，无论是实体性风险，还是建构性风险，大数据分析都能显著提升其风险管理的效果。可以说，公共安全的风险治理面临着前所未有的机遇，要善于利用有关大数据。

（一）大数据与实体性风险管理

实体性风险通常被定义为发生损失的可能性，等于概率和后果的相加和或乘积。这也意味着，实体性风险的管理往往需要足够的观测资料的积累以计算概率。在实体性风险的管理中，保险是最为主要的方式。保险的基本原理是大数法则：随机现象的大量重复中蕴含着必然规律，相同类型的风险单位的数量越多，实际的损失结果就会越接近于从无限数量的风险单位得出的预期损失的结果。大数据与大数法则存在着内在的一致性，运用聚类分析和关联分析等方法，大数据不仅可以更加精准地识别风险同质的潜在标的，实现保险的精准定价，也可以更好地实现最大诚信原则，降低保险的道德风险。

（二）大数据与建构性风险管理

建构性风险可以定义为感知性风险的集体建构。建构性风险通常很难管理。这是因为，感知性风险的个体差异很大，传统的问卷调查方法只能获得小规模样本的感知性风险，且这些个体化的感知性风险如何形成集体化的建构性风险的路径并不清晰。在传统的社会科学调查中，样本规模在3000以上就可以满足全国性调查的要求（风笑天，2005）。在大数据时代，样本规模的约束被打破。更为重要的是，大数据所依托的网络空间为感性风险的集体性建构提供了平台和路径。例如，"魏泽西事件"就是典型的建构性风险。虽然社会个体对医疗行业的现状各有不满，但都是分散的、独立的；在网络空间中，这些分散的、独立的感知性风险集体显现出来，个体之间通过网络空间彼此连接、互相认同、互相强化，迅速完成了集体性的风险建构。因此，在大数据时代，建构性风险的管理将变得可行。

在这方面，信访大数据也开始尝试进行建构性风险的管理。在最近的十几年中，一方面，随着信访制度权利救济功能的扩大，出现了"不闹不解决、小闹小解决、大闹大解决"的乱象，导致信访制度不断异化；另一方面，随着各种社会矛盾向信访汇聚，群众的上访行为（包括在网上提出信访诉求）中蕴含了大量的社情民意信息，这为建构性风险的识别提供了可能（张海波，2016）。目前，网络信访已经在全国范围内推广（张海波 等，2016），政府网站留言板、微博等社交媒体平台上也有大量的信访诉求信息。通过大数据的聚类、关联和回归分析，这些信访诉求背后的建构性风险就能得到及时地识别和管理，真正实现"数据多跑路，群众少跑腿"。

（三）大数据与风险治理

公共安全治理包括源头和风险治理、监测和预警活动、应急处置和恢复重建等几个阶段，每一个阶段的工作都需要政府各个部门、政府与各类组织及个人的协调作战。特定组织和个人在法律有明确规定的情况下，也可能成为行政应急措施的实施者。风险的排查和管理作为整个治理链条中的首个环节，兼具个性特点和要求，也有共性规律和方法。其中，综合性运用多种手段是其重要措施，这种综合性的手段包括治理主体的全员性、方式方法的多元性、时空的结合性、多个部门的协调性等，这种综合性的黏合剂就是大数据，或者说，利用大数据可以融合、沟通多个领域，实现整体合力的有效发挥。在提高风险治理的效率方面，大数据的作用也是不可或缺的。治理效率的提高手段包括多个方面，比如主体的主动性、技术的先进性、时间的超前性、资源的丰富性、信息的全面性等，其中信息的全面性是极其重要的方面，许多案例表明，面对不甚了解的风险，信息的缺乏、片面是致命的，它会导致后续的治理"无从下口"。而大数据恰恰弥补了这一短板，对治理主体而言，可以利用大数据制定合理的对策、应对措施；对民众而言，可以利用大数据了解相关知识，做出有效的预判和应对抉择。

二、大数据分析与应急管理

大数据是人们获得新认知、创造新价值的源泉；大数据还是改变市场、组织机构以及政府与公民关系的方法，以大数据技术为基础的新思维和新方法对于当今社会的治理与发展具有举足轻重的作用。在不同的定义与背景下，人们对"大数据"的认识存在细微的差别，整体来看，"大数据"在不同领域内共包含三层含义：第一层含义上的"大数据"指的是数据量和形式上的差别，即具有巨量化和多样化的特征；第二层含义上的"大数据"指的是大数据技术，从现实与技术层面来看分别是现实方面的对已有或者新获取的海量数据进行分析和利用，技术方面是指数据的云存储和云计算；第三层含义上的"大数据"指的是大数据思维和大数据方法，现实层面指的是把目标全体作为样本的研究方式、模糊化的思维方式、侧重相关性的思考方式等理念，技术方面是指利用海量数据进行分析处理，并用来辅助决策，或直接进行机器决策、半机器决策的过程性大数据方法，这种对大数据的认知方式涉及"大数据项目"或"大数据技术应用"的认知。大数据技术与大数据思维对于大数据视角下的应急管理具有关键作用。大数据技术是应急管理的技术手段，而大数据思维则是用全数据的眼光与思维去形成整体化的考虑方式，将二者相结合，一方面可以促成大数据在公共应急管理中的应用，另一方面也可以反馈大数据的技术与思维，更好地促进大数据的应用与发展。

信息能力在很大程度上决定着应急管理的适应能力（Comfort，2004）。而大数据的本质就是信息，这将大数据与应急管理之间进行了有力的衔接。在大数据背景下，信息的及时性、可及性、准确性和完整性都会发生明显变化。①由于大数据的高速性特征，相较于传统的信息获得方式，大数据分析能够获得更为及时的信息。②由于互联网和社交媒体的广泛普及，信息的可及性大为增强。③虽然互联网和社交媒体上充斥谣言，但通过数据之间的交叉检验，大数据分析更容易识别和澄清这些谣言，这也强化了大数据的高价值特征。④由于大数据的体量大、多样化，通过大数据分析获得的信息更为完整。由此可见，大数据的特征可以全面地提升信息的及时性、可及性、准确性与整体性，大数据与应急管理也存在着内在的契合。

大数据提升应急管理适应能力的核心机制在于态势感知（Yin et al.，2012）。在理论上，应急管理可以包括五个阶段：预防、减缓、准备、响应和恢复；但从态势感知的角度来看，大数据促进预防和响应的作用最为显著。①预防，通过大数据的关联分析和聚类分析，隐藏在分散的信息背后的逻辑一致性得以呈现，从而形成关于何种事件即将发生的态势感知，进而提高预防的针对性。例如，大数据可以显著提升反恐的预防效果，某企业家讲过一个例子："一个人买高压锅很正常，一个人买钟也很正常，一个人甚至买一个火药也正常，买个钢珠也正常，但是一个人合在一起买了那么多东西，就一定不正常了。"②响应，通过大数据的关联分析和聚类分析，碎片化的信息得以形成"拼图"，从而形成关于事件整体图景的态势感知，进而提升响应的协同性。在常规的信息条件下，应急响应的信息主要源自正式的信息渠道，协同的范围也就相对较小。在大数据的信息条件下，应急响应的信息大量来源于互联网和社交媒体等非正式的信息渠道，协同的范围也随之扩大。例如，在灾难发生后，关于灾难损失的快速评估不仅可以来源于理论模型的推算和现场的损失调查，也可以来源于大数据分析：通过对网络空间中的灾情信息的整合，可以迅速识别不同区域的受灾程度，实现政府与社会协同评估的目标。

三、大数据分析与危机管理

与应急管理相比，危机管理主要侧重于危机沟通，而应急管理主要强调事态控制。库姆斯（Coombs）的情景式危机沟通理论认为，危机沟通不仅需要从组织职责出发进行危机响应，还要从组织声誉出发考虑危机情境（Coombs et al.， 1998）。因此，也可以这么理解，应急管理主要从组织职责出发，旨在减少或缓解人员伤亡、财产损失或社会失序；而危机沟通则需要从危机情境出发，维护组织声誉。这一理论对于公共组织也完全适用。在互联网舆论环境下，危机沟通已经成为公共安全管理的重要组成部分。例如，在2015年的天津港危化品仓库爆炸事件中，天津市政府的应急响应虽然卓有成效，但危机沟通方向不尽如人意，公共安全管理能力也备受质疑。

在灾难事件中，网络空间的大数据来源于公众与政府对于信息的共同生产，无论这些数据是情感类型的，还是信息类型或观点类型的，抑或是行动类型的，它们都是真实的，其中蕴含着公众对安全的焦虑和关切。大数据分析就是要从舆情数据中识别、锁定、收集和提取公众对安全的焦虑和关切，为危机沟通提供"精确坐标"（张海波，2015）。在这方面，大数据分析已经可以通过"词云"、情感分析、文本挖掘等方法和技术提供快速的舆情分析，提高危机沟通的效率。

应该说，相比于传统的由宣传部门主导的单向信息发布方式，基于大数据分析的危机沟通的精确性和交互性更高。一方面，基于大数据的舆情分析可以准确地呈现舆情的热点分布和情感指向；另一方面，通过信息的共同生产，大数据分析也可以获得政府危机沟通的及时回馈，进而及时调整危机沟通策略。当然，大数据时代的危机沟通也给各个政府部门、各级地方政府形成了强大的压力，并非所有的政府部门和地方政府都愿意且有能力应用大数据分析来进行危机沟通，有些政府部门和地方政府甚至运用大数据分析来进行删帖，以此逃避舆论监督，这是对大数据分析的误用，需要纠正这种错误的做法。

当然，大数据分析仍然存在技术瓶颈，尤其是对于多源异构数据的融合和非结构化数据的处理，这些在很大程度上制约了大数据分析在公共安全管理中的应用。

四、大数据的治理与新兴风险

大数据的迅速发展让我们进入信息时代的新阶段，这给人们带来了工作学习和生产生活等多方面的大变革，这也标志着人类在认识世界与量化认知的道路上又迈了一大步。然而每个新兴事物的发展都必将带来一定的风险，这是时代变革与技术发展的必经之路，机遇即挑战，当大数据逐渐成为人类生活与工作的依赖，当群众从中获得便捷性，随之而来的隐私泄露与智慧生活带来的焦虑就成了大数据时代的新兴风险，这给我们敲响了警钟。在合理利用大数据进行风险管理与社会治理的同时避免新型风险造成的损失，让二者达到一种动态平衡，是至关重要的。

（一）大数据对社会治理与风险管理的促进作用

大数据是信息社会的新产物，随着大数据技术和应用的快速发展，越来越多的国家将大数据管理和应用提升到国家战略层面，在公共管理领域，国内外一些先驱者利用大数据多方面地收集数据，快速、全面地处理数据，从而提高治理社会能力，使公共管理得以创新。美国洛杉矶警察局是世界上首个跃进大数据时代，采用大数据公安警务模式的公安机构，大数据监测系统可以准确、迅速地为警务人员提供嫌疑人的身份信息，包括年龄、性别、身体描述等，同时系统也会根据已知信息对嫌疑人进行匹配，缩小警务人员的搜查范围，高效地得出最优匹配度的嫌疑人，大大降低搜查难度。

我国目前的大数据尚处在发展阶段，大数据在我国也越来越受到广泛的重视，迎来了非常良好的成长环境。我国的数据资源量十分庞大，这些数据资源积累为大数据发展提供了非常良好的机遇与环境。比如，在新冠肺炎疫情监测方面，大数据就发挥了重要的作用，通过电信大数据监测，可以实时统计分析疫情重点地区的人员动态，分析确诊者与密切接触者的流动情况，用大数据全面支撑防疫工作。疫情期间，有关部门搭建了多个大数据模型，开发了基于人口流动情况、风险播报等大数据平台，实时上报各地区的有关数据分析报告，为疫情的检测提供有力帮扶。事实上，在公共管理领域，大数据正以快速发展的趋势进入我国政府部门公共管理的实践和应用过程中。这必将给公共安全管理领域带来思维方式变革，推动安全治理体制机制不断创新，为公共安全促进提供新思路。大数据的特性在促进公共安全管理、为人类生活提供便捷性的同时，也必然会面临一些新兴挑战与风险。事实上，任何新鲜事物的闯入都会伴随一个适应过程，这个适应过程就是新兴风险的爆发期。

（二）大数据与新兴风险

在任何社会，安全都是重要的价值，但不是唯一的价值。鲍德温（Baldwin）指出，安全是优先价值，其潜在的假设为安全是享受其他一切价值（如自由、繁荣）的前提条件（Baldwin，1997）。马斯洛（Maslow）的需要层次理论中也强调安全需要的重要基础作用。在当今风险社会的背景下，公共安全越来越成为一种优先价值。例如，2001年"9·11"事件之后，美国不惜中断边境贸易，以换取绝对的安全，然而，绝对安全同时也意味着贸易的中断，美国只坚持了两周便重新恢复边境贸易（Morton，2012）。与此同时，美国通过《爱国者法案》，授权国家安全局（简称NSA）截取国内通信记录。2015年5月31日，《爱国者法案》到期，随后通过的《美国自由法案》仍然授权NSA可以获得特定必要的数据，只不过需要先获得秘密法庭命令，才能向电话公司索取记录。

一旦将公共安全作为一种优先价值，大数据分析便有可能导致数据监控，侵犯个体的自由与隐私。此外，大数据分析还有可能被权力机关滥用，也有可能被不法分子利用，反而危害公共安全，这就会形成了一个"悖论"：用于促进公共安全的大数据反而会危害公共安全。大数据也会对国家构成风险。Facebook数据泄露事件就是典型的案例。美国网民隐私泄漏导致美国的民意和政治选举被干扰了，这是显著的政治风险，直接对美国的国家安全造成了威胁。2012年，奥巴马政府发布《大数据研究和发展计划》，提出了"数据主权"的概念。中国也已经意识到这个问题。党的十八大之后提出的"总体国家安全观"，其中就包括网络安全，这个网络安全不仅指芯片等核心技术的自主知识产权，也包括数据主权。从理论上看，中文的"安全"在英文中有两个对应的概念，一个是security意义上的"安全"，一个是safety意义上的"安全"；前者主要是国际政治的概念，后者主要是安全科学的概念。在国际政治的语境下，安全最早就是指国家安全、军事安全，随着非传统安全威胁的不断涌现，现在网络也事关国家安全。换言之，总体国家安全观就将以前不作为国家安全问题的网络安全也上升为国家安全，其中的一个原因就是大数据可能会危害到国家安全。

从风险社会的理论视角出发，大数据也可视为一种新兴风险，是正在表露但人们尚且陌生的风险。新兴风险是公共安全当前面临的主要威胁之一。在很大程度上，现有的公共安全管理体系在应对熟悉风险上已经积累了相当的经验，短板恰在于新兴风险。那么，既然大数据有风险，这是否意味着需要放弃大数据的发展呢？答案显然是否定的；否则，就是因噎废食。从源头来看，新兴风险源于现代性的自反性，用现代性的手段来应对现代性的自反性，这不但不能从源头上治理风险，甚至有可能造成更大的风险。因此，即便大数据也有可能危害公共安全，但对大数据带来的新兴风险只能采用适应性治理，只能适应而无法消除，宽容治理具有滞后性，故而应在科技发展和制度创新的收益和风险之间进行权衡。

第三章 重大公共安全事件中的个体应激反应及其神经心理机制

　　重大公共安全事件往往具有突发性、高度不可预测性、造成广泛影响的社会性，以及应急处理的反常规性。正是由于这些特性，重大公共安全事件除了造成巨大的有形损失之外，还会导致个体的认知、情绪、行为及其神经心理机制产生一系列改变，严重者甚至会出现情绪紊乱、心理失衡、行为失调、意志失控、有机体内稳态失衡等身心危机。重大公共安全事件也是一种强度较大、不可确定性极高的社会性应激源，个体需要调节自身的神经内分泌系统，动用全身能量来应对重大突发事件，同时，个体也会发生情绪与认知上的变化来应对社会性危机，出现紧张、焦虑、抑郁等负性情绪状态，过度的应激反应还有可能发展成为心理危机，出现恐慌、自伤、自杀等严重偏激行为，从而波及群体，导致大面积恐慌和社会动荡，严重影响人们的正常工作与生活。因此，在重大公共安全事件的处置中，把握突发事件对个体行为及其神经心理机制产生的影响具有重要意义，科学而有效地掌握个体的心理行为变化与神经反应也是重大公共安全事件处置中的关键一环。

第一节　应激概述

一、应激的概念

应激（stress）一词最早来源于拉丁文 stringere，有"费力地抽取"之意，用来描述由于外环境变化所导致的有机体内稳态失衡的状况。塞尔耶（Selye）于 1956 年首次系统定义应激，并将应激过程大致分为警觉、抵抗（阻抗）、衰竭三个阶段，他认为应激是有机体面对内外环境刺激所产生的非特异性应答反应，也称之为全身适应综合征（general adaption syndrome，GAS），同时系统提出了其应激非特异性理论。拉扎勒斯（Lazarus）和福克曼（Folkman）将认知过程引入应激与反应的联结中，认为个体对应激源的反应不仅仅是简单的应激与反应之间的联结，应当强调认知评价过程在其中发挥的作用，进而扩充了应激的模型（Lazarus et al.，1984）。赖斯（Rice）认为应激是有机体受到刺激时产生的一系列自动化情绪与生理反应的"后遗症"，也就是系列神经内分泌系统反应，比如交感神经系统激活以及肾上腺皮质激素释放等。

国内学者也对应激做出了相应的概念界定，将应激定义为有机体为提高自身生存能力，实时监控外界环境变化，对威胁信息进行判断，并做出一系列适应性的心理与生理反应的过程（罗跃嘉 等，2013）。应激在国内首次出现在医学界，随着各领域研究的丰富，也逐渐被心理学、社会学、公共安全管理等领域所采纳，用来分析风险环境下个体的身心变化以及危机事件溯源分析。

二、应激的分类

（一）急性应激与慢性应激

根据应激源产生和持续时间可以将应激反应分为急性应激（acute stress）和慢性应激（chronic stress）。慢性应激是情绪、生理、行为反应上较长时间或永久性的改变，这种弥散性的改变会导致个体增加对疾病的易感性，更容易患抑郁症以及冠心病等临床疾病（Cohen et al., 2007）。慢性应激可以通俗地理解为个体长期受到的多方面压力。相比于慢性应激，急性应激的作用时间更短、强度更高，造成的后果往往更加严峻，比如突发的重大自然灾害事件，地震、泥石流、火灾等天灾人祸，毫无征兆的变故，等等。由于急性应激源的强度过大，个体的心理状态极易失调，导致经历过重大变故的个体极易出现创伤后应激障碍（post-traumatic stress disorder，PTSD），出现创伤性再体验、回避创伤相关事件，甚至出现泛化，回避正常的社交与生活，部分个体也会出现过度敏感的情况，警觉性显著增强，出现易怒等精神症状。

从生存意义上讲，急性应激的危害可能比慢性应激更严峻。然而，重大公共安全事件具有辐射面广、持续时间久的特点，会导致大众群体的行为反应长时间或永久改变，从而在慢性应激的这段时间内增加疾病的易感性。

（二）生理性应激与心理性应激

根据应激源的类型不同可将应激分为生理性应激源导致的生理性应激，以及心理性应激源导致的心理性应激。生理性应激通常是由突然的物理环境变化造成的有机体不适导致的，比如重大自然灾害引发的躯体损伤，同时伴随发生个体的负性情感体验。心理性应激是指个体在觉察需求与满足需求的能力不对等时倾向于通过整体心理和生理反应表现出来的多因素作用的适应性过程。由心理社会性事件引发，具有社会评价、不可控性、社会拒绝与认知压力等特点，比如社会性危机事件"5·24"南昌红谷滩杀人案等引起的应激体验，是有机体通过对外界信息的监测与评价，感到威胁性的存在，且无力改变时发生的心理与躯体机能改变的过程（李婷 等，2005）。

三、应激的模型

（一）应激的GAS模型

应激的GAS模型是"应激之父"塞尔耶提出的一种反应理论模型。他认为应激是人或动物对环境刺激做出的一种生物学反应，这种反应不根据环境刺激的不同，以及需求的差异而产生特异性反应，是一种全身性非特异性反应的总和，也称一般适应综合征（Selye，1956）。塞尔耶把应激过程分为三个阶段：警觉阶段、抵抗阶段和衰竭阶段。

1. 警觉阶段

警觉阶段是应激反应的最初阶段，是一种适应性的防御过程。此阶段伴随发生一系列的生理反应，使有机体处于高唤醒状态，为个体适应环境的巨变提供有力的生理适应能力。如果应激源能够在短时间内消失，有机体就会恢复到正常状态；如果应激源持续或缺乏有效应对，就会进入到抵抗阶段。

2. 抵抗阶段

此阶段，应激激素的分泌明显增加，有机体的合成代谢占据显著优势，保护机制持续工作，全身组织器官都会动员起来应对应激源，竭尽全力来恢复机体原有的平衡状态。如果机体的努力获得成功，就会重新回到应激前的状态；如果努力失败，此时机体已经耗费了大量的能量，保护机制的持续工作会诱发更加严重的生理和心理反应，甚至出现种种不适，就会进入衰竭阶段。

3. 衰竭阶段

生理与心理上的极度疲惫是此阶段的典型特征。应激反应处于衰竭阶段时，机体已经耗费了大量的心理和生理能量，持续的损耗给机体施加了极重的负担，导致机体的能量储备几乎耗尽，发生反应迟钝、免疫能力不断下降等情况，此时，如果不进行合适的身体调理与自我调控，很容易引发各种适应性疾病，这种应激后遗症可能会持续几个月、几年，甚至伴随终生。

塞尔耶的 GAS 模型侧重于从有机体生物学分析个体的应激反应，虽然较以往单纯的刺激理论模型来说有所改进，但是仍然存在一些局限性。该模型仍旧把个体看作是对威胁性环境信息被动做出反应的生命体，忽略了心理和社会在其中的调节作用，遗漏了应激反应中关键的情绪变化，模型尚未覆盖应激全貌。

（二）应激的 CPT 理论

应激的 CPT 理论模型是认知—现象学—相互作用（cognitive-phenomenological-transactional，CPT）的理论模型。应激的 CPT 理论侧重认知评价，主要从心理的角度入手分析应激的产生及作用机制。该理论三个核心观点：①认知观点。它认为，思维、经验以及个体所体验到的事件的意义是决定应激反应的主要中介和直接动因，即应激是否发生，以什么形式出现，这都依赖于每个个体评价其和环境之间关系的方式，包括初级评价和次级评价。初级评价是指个体对事件的危害性进行评价，可能是挑战、威胁、损害（丧失）（Lazarus et al.，1984）或利益。次级评价是指个体对自身应对资源、应对能力进行评价。如果个体认为自己完全有能力解决困境，那么应激强度就会很低或根本不存在应激体验。②现象观点。这种观点比较强调与应激有关的时间、地点、事件、环境以及人物的具体性。③相互作用观点。应激是通过个体与环境之间存在的特定关系而产生的，强调个体和环境之间的相互作用，注重个体在应激情境中的主观能动性，并且看到了信息反馈和行为调整在其中所起的重要作用。

CPT理论模型注重应激中间过程的研究，尤其是应激中个体心理和行为的作用。该理论虽然克服了把个体看成是消极反应的缺点，但是过度地强调信息的加工系统，这个系统是处理来自外部环境和内部生理、心理的信息，而且没有涉及应激与健康的生理参数，对社会概念也没有详细的论述。

（三）应激的认知激活理论

应激的认知激活理论（cognitive activation theory of stress，CATS）是在几十年来对人类和动物应激相关研究和理论探讨的基础上提出的理论模型（Eriksen et al.，2004）。该理论有三个核心观点。

1. 应激反应是一种适应性反应

环境中的变化和挑战的一般性预警反应能力应该被视为整个适应系统和自我调节系统中的关键元素，同时这种激活反应必须被视为具有适应性，因为这种反应本身是不愉快的，但是它能驱使有机体提供具体的解决办法以消除这种预警的来源和预警本身。尽管研究者强调这种预警反应对有机体而言是正常的、具有适应性的，但是如果这种预警持续不断，就有可能通过病理生理过程导致疾病的产生。

2. 应激反应的实质是一种生理预警反应

认知激活理论从神经生理学角度把应激反应看作一种对神经生理的更高唤醒水平的激活的预警，一般应激反应的实质就是一种生理预警反应。应激反应或预警的产生并不是对负担的直接刺激的反应，而是依赖于对负担刺激的认知评估和预期。根据CATS，预警是从对境遇的具体的应激行为中提取出来的，预警的水平依赖于对刺激的预期和反应结果的预期，这两种预期对应激反应都有决定性的影响，不同的预期会导致不同的"应激"，而且会对个体产生不同的影响。如果有机体对反应结果产生的是积极的预期，就会导致积极的应激行为的出现，而积极的应激会导致预警的减弱或解除。持续的无助预期和绝望预期都会由于长时间的高水平的唤醒导致躯体疾病的产生。

3. 应激反应（预警）出现的条件

通常情况下，预警会在预期不出现的所有情境中出现。当情境中出现了对有机体有威胁的或有错失的、自我平衡系统的失衡等"新奇"刺激的时候，预警就会出现。当"实际状态"和"应得状态"之间，即在对同一变量的给定（目标）价值（set value，SV）和实际价值（actual value，AV）之间出现不一致时就会产生预警。

该理论是对神经激活理论的拓展，应激反应是能导致唤醒水平增加的一般激活反应，这些肉体的反应受到心理生理学、心理内分泌学和心理免疫学机制的调节，该理论最重要的贡献就在于从认知的角度为预警的发生提供了心理解释机制。因此，可以说，它既不是单纯的应激认知理论，也不是单纯的应激生理理论，而是在二者间建立了良好的连接。

第二节　重大公共安全事件中个体的应激反应

一、个体应激的生理反应

应激导致的生理变化在个体的应激反应中至关重要，尤其是有机体的激素变化，能够支持个体在危急关头做出"战斗或逃跑"的行为反应，促进糖原分解，释放能量，从而提升生存概率，抗衡内外环境变化。人类的脑神经系统、内分泌系统以及免疫应答系统在应激反应中具有重要作用，具体来说，应激反应会伴随神经—生理系统的激活：下丘脑—垂体—肾上腺皮质（hypothalamic pituitary adrenal，HPA）轴的激活，以及由此促进的糖皮质激素（glucocorti-

coid, GC) 分泌；交感神经系统（sympathetic nervous system,
SNS）的激活，伴随释儿茶酚胺（肾上腺素和去甲肾上腺素）的释
放。掌握个体在应激状态下的神经生理机制，可以更加全面、有效
地预防、应对应激对个体身心健康的影响，从而有力地干预重大公
共安全事件下个体的心理与行为反应，避免心理机制的全面失衡。

（一）交感神经系统

在个体处于应激状态时，首先会激活交感神经系统，这是应激
快速反应通道，这一通道在应激反应最初促进机体代谢，为个体做
出"战斗或逃跑"反应进行供能。具体来说，应激源出现时，有机
体首先会快速激活与应激体验相关的杏仁核，并通过下丘脑快速激
活肾上腺髓质，进而诱发儿茶酚胺的释放，它们通过位于免疫细胞
表面的不同肾上腺能受体亚型而选择性抑制免疫反应。快反应通道
发挥作用时会伴随发生一系列的生理变化，表现为心率加快、血压与
皮肤电水平的升高（Villarejo et al., 2012）。

（二）下丘脑—垂体—肾上腺皮质

下丘脑—垂体—肾上腺系统在整个应激进程中发挥着关键的作
用，同时也在对免疫系统的影响发挥核心作用。当应激反应发生时，
HPA轴是相对于SNS反应较慢的系统，具体来说，HPA轴的激活会
促进下丘脑释放促肾上腺皮质激素释放激素（corticotropin releasing
hormone, CRH）作用于脑垂体，进而使垂体前叶分泌促肾上腺皮质
激素（adrenocorticotropic hormone, ACTH）作用于肾上腺，最终导
致肾上腺皮质分泌大量的糖皮质激素，主要是皮质醇（cortisol）。肾
上腺释放的诸如皮质醇等糖皮质类激素会刺激免疫系统，从而抑制
免疫系统相关的T细胞和B细胞，导致有机体免疫功能下降。

（三）SNS与HPA轴在应激反应中的差异性比较

SNS与HPA轴在应激反应过程中共同发挥作用，调节、制约神

经内分泌系统（neuroendocrionolgical system，NES）、中枢神经系统（central nervous system，CNS）和免疫系统（immune system，IMS），来帮助有机体恢复内环境稳态的平衡。具体差异表现在：①时间进程上的差异。SNS与HPA轴在应激反应的不同时间进程上扮演着不同的角色。在应激反应早期，SNS占据主导地位，儿茶酚胺的释放是随着应激源的作用同时出现的，但是快反应的作用时间很短，随着应激源的消失而停止。SNS导致的快速生理表现，心跳加快、血压升高、瞳孔放大等，均会随着应激源的消失而恢复到正常水平。而HPA轴起效是相对缓慢的，一般来说，HPA轴终端产物GC会在应激源终止作用后20至30分钟达到峰值浓度。但是HPA轴的作用时间较长，一般从应激源消失后仍旧可持续作用1小时左右。②作用路径的差异。HPA轴通过下丘脑室旁核（paraventricular nucleus，PVN）释放ACTH，SNS则通过下丘脑后部释放儿茶酚胺。③免疫功能上的差异。肾上腺皮质引起GC的快速表达与分泌，GC主要是通过糖皮质激素受体（glucocorticoid receptor，GR）介导免疫功能，为有机体在应激中受伤做抑制炎症准备。SNS轴分泌的儿茶酚胺类物质主要是由β2肾上腺素能受体来介导影响免疫系统，通过括细胞增殖、细胞因子和抗体生成、细胞溶解反应等对免疫系统进行调节。

二、重大公共安全事件中个体应激的神经心理机制

应激的三重网络模型能够为个体应激反应的神经心理机制提供理论框架与参考。应激的三重网络模型包含突显网络（salience network，SN）、默认网络（default mode network，DMN）和执行控制网络（executive control network，ECN），三者的动态变化及相互作用促使个体产生急性应激反应（Oort et al.，2017）。除了这些网络自身的核心功能会受应激改变之外，应激会激活突显网络，突显网络主要包含背侧前扣带回、杏仁核、颞顶交界处等区域（Goulden et al.，2014），有助于个体探测危险刺激，显著提高与视觉网络之

间的连接性，促使个体处于警觉状态。应激会诱发默认网络大范围的激活，默认网络主要包含内侧前额叶、扣带回后部和下顶叶等区域（Andrews-Hanna et al.，2010），有迹象表明应激状态下默认网络会出现功能分离的现象。前侧默认网络与自我参照加工、不良环境适应有关，后侧默认网络与情绪、奖赏、疼痛加工有关（Muscatell et al.，2015）。执行控制网络包含背外侧前额叶、后顶叶皮层等区域通常不会影响应激的快速反应，但由于皮质醇浓度的提升和应激的恢复，其活动可能以非线性、倒U型的方式参与到高阶认知任务中。

三、重大公共安全事件中个体应激的认知心理反应

重大公共安全事件是强度较大、辐射范围较广的一类应激源。在重大公共安全事件面前，人类显得极其渺小，很多事情人们无法左右，事实上，在无法调整自己的情绪或者维持自身的正常工作与生活时，人们的生理资源和心理资本就很容易枯竭，感到精疲力竭和麻木，陷入"习得性无助"状态。这也是应激反应发生时，人们常常感到情绪低落、紧张焦虑、恐惧、悲伤、绝望、易怒、烦躁、沮丧、意志力薄弱的重要原因。

（一）重大公共安全事件中一般公众的心理反应状况

1. 重大公共安全事件中一般公众的普遍性心理反应

当重大公共安全事件发生后，多数人不处于事件的"震中"，但是由于主流消息闭塞，谣言众多，加之重大事件导致的社会秩序紊乱、人们的生产生活受影响，即使是普通公众也极易出现异常心理反应，比如听信谣言、盲目恐慌、日常焦虑、情绪低落、抑郁等各种心境障碍，社会心理因素对于公共安全事件的控制影响是显著的，因此聚焦因重大突发事件导致的个体异常心理与情绪问题具有重要的现实意义。以下主要从重大公共安全事件中一般公众会普遍

出现的恐慌、焦虑、抑郁与强迫心理展开。

（1）恐慌

恐惧是个体面临公共安全事件发生时最先产生，也最容易出现的一种先天情绪反应，是个体试图逃离当前这种不可控的情境但是又无能为力时产生的一种消极情绪体验。各种情绪反应的发生都伴随有生理机能上的改变，恐惧也不例外，会伴随发生交感神经系统兴奋性增强，促进肾上腺素的释放，从而分解糖原释放能量，帮助有机体抵御恐惧突发事件中的危险（姜乾金，2002）。很多恐惧都是后天习得的，由于经历了负性事件带来的种种不利影响与后果，进而习得了恐惧，当然也有部分人群是先天的心灵黑洞，这种先天性的恐惧往往具有弥散性，特定的恐惧事物或情境诱发的恐惧更强烈。

在个体经历重大公共安全事件时，多数的恐惧与恐慌心理来源于对危险情境的不可控性。比如"5·12"汶川大地震时，震中的民众面对遍地受伤的群众以及不间断的余震时，出现强烈的恐慌心理，一方面是担忧波及自身性命，另一方面也是对突发的自然灾害事件在内心产生了一种无助与恐慌。

（2）焦虑

焦虑心理也是极易出现在社会公共安全事件中的一种负性情绪体验，焦虑往往不如恐惧情绪来得那样快速与直接，恐惧是突发事件下的第一情绪反应，而个体感到焦虑时，往往已经对当前情境与事件本身有过一番认知评价与思想斗争。焦虑是个体内心的一种极度紧张不安状态，并且预感到这种情况还会持续一段时间，而自身又无从应对的一种慢性情绪体验。焦虑经常伴随眉头紧皱、拳头紧握、面色惨白等躯体形态，同时也会出现盗汗、肌肉紧张、呼吸加快、血压升高等快速身体反应。焦虑带来的慢性影响包括失眠、多梦、情绪起伏强烈、过于敏感等情况，严重者会发展为精神性焦虑并出现泛化，出现没有明确对象的广泛性焦虑，经常提心吊胆，忧心忡忡。

（3）抑郁

抑郁心理常出现在公共安全事件之后，在经历了突发性危机事件的洗礼之后，人们在短时间内难以平复自己的情绪，尤其是处于事件中心的人群，比如疫情初期不幸感染的患者、自然灾害中不幸受难的伤员，以及社会安全事件中遭遇恐怖袭击的人群等，他们在经历过重大创伤性事件后短时间内难以从负性状态中抽离，出现情绪持续低落、悲观、失望，对任何事物都失去了兴趣，主动与人群隔离，不愿意交流，将自己封闭在自己的世界里，严重影响日常的生活与工作。个别严重者甚至会出现抑郁症症状，试图以结束生命的方式摆脱肉体与精神上的折磨。比如美国"9·11"事件造成了极大的社会恐慌与动荡，这一事件的目击者很有可能会出现创伤后应激障碍，遇难家属会无比痛苦，出现行为失调与认知障碍，难以从创伤中走出来，出现抑郁、自杀倾向。

（4）强迫

强迫表现为强迫行为与强迫意念，强迫行为是在个体主观无法控制的情况下发生的，比如在 SRAS 与新冠疫情期间，要求全体民众配合疫情防控，外出回家后要洗手、消毒、进行日常测温等，部分人员就会出现强迫行为，每日洗手测温高达几十次，对家具、门把手进行反复消毒擦拭。事实上，这种类似洁癖的强迫行为经常出现在公共卫生事件流行期（Maunder et al., 2003），一旦停止强迫行为，有的人就会感到慌乱不安，觉得自己要被病毒感染，明知不合理却无法立即停止这种强迫行为，严重影响个体的日常生活。强迫意念往往与不受控的记忆闪现有关，无法控制自己的大脑，不停地闪现极端场景，比如经历海啸、泥石流、地震等重大自然灾害的人群创伤较为严重，会经常不受控地回忆起创伤场景，这其实也是一种创伤后应激障碍。

2. 重大公共安全事件中个体心理应激障碍的表现

（1）急性应激障碍

急性应激障碍（acute stress disorder, ASD），又称为急性应激反应，是以严重的精神打击为诱因造成的心理障碍。重大公共安全事件具有较强的突发性、高度不可预测性、事件的发生与发展过程具有反常规性，往往造成较强烈的社会影响，人们长时间处于这种环境氛围下极易出现急性应激障碍。

急性应激障碍的反应时间进程符合急性应激的基本特征，一般情况下，急性应激障碍的发病时间较短，在受到刺激后立即出现反应（1小时之内），而急性应激障碍的持续时间一般不超过3天，最长的可能会持续1个月。随着应激源的消失，ASD的症状通常持续时间较短，愈后良好，基本可完全恢复。急性应激障碍的出现与否以及严重程度，除了受应激源本身的影响以外，也与个体的心理素质、应对方式以及躯体健康状态等密切相关。

急性应激障碍个体的行为表现出现严重的两极分化，表现为强烈恐惧体验的精神运动性兴奋，即情绪比较亢奋、容易冲动，会出现心跳加快、坐立不安、出汗等症状。或是精神运动性抑制，寡言少语、情绪反应消失、反应缓慢、感知能力出现下降等。当然也存在第三种情况，即精神运动兴奋与精神运动抑制的混合表现，兼具两种反应症状。整体来说，ASD表现初期，个体会出现茫然、注意狭窄、意识清晰度下降、定向困难、不能理会外界刺激等情况，随后会出现变化多端、形式丰富的症状，包括出现对周围环境的茫然、激越、愤怒、恐惧性焦虑、抑郁、绝望以及自主神经系统亢奋等症状，如心动过速、震颤、出汗、面色潮红等，有时也会出现不能回忆应激性事件的情况。这些症状往往在24—48小时后开始减轻，一般持续时间不超过3天。事实上，ASD如果得不到有效干预，20%—50%的短期ASD患者会发展成为长期的创伤后应激障碍者，治疗难度大大增加，可能长期影响患者，并伴随较高的自杀率。如果症状存在时间超过4周，就应该考虑"创伤后应激障碍"的可能性。

（2）创伤后应激障碍

创伤后应激障碍指的是个体在遭遇重大压力或经历重大事件后，在其心理状态上产生失调的后遗症。大多数创伤后应激障碍出现在严重事故灾害后数月或数年内，心理上往往会出现长期的焦虑或激动情绪，引起自杀的危险性很高，严重的可能高达19%。创伤后应激障碍的症状包括三个方面：一是不断体验创伤事件，反复出现痛苦的回忆，包括与事件有关的景象、想法、知觉等经历反复在梦中出现，加重了痛苦感受、沮丧情绪和恐惧心理。二是避免与别人接触，逃避与所经历事故灾害有关的刺激或情境。努力回避与创伤有关的思想、感受或交际，努力回避会勾起创伤回忆的人、活动、环境及场所，参与重要活动的兴趣降低，积极情绪情感减少，悲观情绪增多，对未来失去希望，入睡困难。三是过度警觉，个体对环境的反应持续处于高度警戒的状态，容易发怒、注意力难以集中、过度警觉、出现过度惊吓反应（Fuehrlein et al.，2014）。严重的创伤后应激障碍会伴随着焦虑和抑郁等症状。

重大公共安全事件发生后，人们的心理伤害往往被忽略，对于那些缺乏应对知识、心理素质较差的个体来说，心理影响巨大，如果得不到及时有效的心理救助，心理应激反应很容易发展成为心理应激障碍，并可能长期影响其生活和健康。

（二）重大公共安全事件中特定人群的个体心理特点

1. 当事人心理

在重大公共安全事件中，处于事件"震中"的当事人虽然是少数，却是广大群众关注的焦点，也是危机事件处置的重中之重，能否安抚好直接受害群体，帮助他们消除心理忧虑，重获正常生活，是事件处置的关键。事件的核心当事人往往也是直接受害者，突发的危机事件把他们置于险境，他们迫切地希望收集大量有关信息，及时进行自救或得到专业援助，他们的心理特点主要包括以下几方面。

（1）对事件相关信息的极度渴求

重大公共安全事件突然爆发，极短时间内给整个社会带来巨大的影响，社会动荡、公共秩序紊乱、经济水平下滑、个体发展受阻。处于突发事件中心的直接当事者，对事件相关信息极度渴求，希望借此能够得到自救，充分的事件相关信息可以慰藉受害者的迷茫、无助与恐慌心理。事实上，重大事件的中心区域正是信息极度匮乏的区域，比如在重大自然灾害面前，受害者的人身安全尚且没有保障，信息的获取更是难上加难，这时就会出现人们与自己的亲人分离、被冲散、失去联络等情况，导致当事者除了饱受肉体上的折磨以外还要担忧亲人的安危，混乱的环境又不允许他们通过手机、电脑等电子设备获取新闻报道等有关信息，基本上处于与外界失联的状态。此时，他们对信息的渴求度又会极度增强，如果援助者可以提供有关伤亡人数、伤亡情况等有关信息，就可以极大地安慰受害者。

（2）丧失生活的勇气与信心

重大公共安全事件具有强大的破坏力与广泛的影响力，会引发当事人、受害者在事件中心的负面情绪，对他们的心理产生巨大的影响，从而演化成危机心理。周围环境的骤然改变，会让他们在短时间内丧失生活的勇气与信心，不相信自己有能力可以在巨大的危机中生存下来，即使有幸获救，也没有自信能够过好以后的生活，尤其是公共卫生事件的爆发，不幸感染疾病的人会担忧病毒埋下的种子威胁日后的身体健康，出现糟糕至极、以偏概全的错误心理认知。

（3）期待社会救助，盼望早日战胜危机

重大突发事件的当事人、受害者处于困境和危机中，他们饱受肉体和心灵的双重折磨，多数情况下，他们是没有自救能力的，只能寄希望于社会的救助与关怀，以图早日战胜危机，重新开始生活。同时，社会帮助与关怀能够让他们感受到突发事件得到了一定程度的控制，会给予他们生存下去的勇气与战胜困难的决心，使他们的精神得到极大的慰藉，增强战胜危机的决心，重返正常有序的生活。

2. 旁观者心理

在重大突发事件发生地之外的社会公众，也会对重大突发事件给予足够的关注，对突发事件当事人、受害者和幸存者也会给予极大的同情。这是因为重大突发事件具有超越发生区域的广泛而深远的影响力。从新闻报道的角度来看，由于突发事件的受害者暂时失去了获取信息的新闻渠道，身处突发事件发生地之外的广大社会公众反而成为新闻媒体的主要受众。因此，了解和把握事件关注者、同情者的接受心理，是构建和传播重大突发事件报道时修辞策略的前提和基础。在重大突发事件发生的过程中，他们的心理主要有以下特点。

（1）测定危机距离，缓解负性情绪

在重大突发事件发生时，为了更准确地绘制"社会地图"，公众会不断通过新闻媒体这一"社会雷达"来搜集、解读重大突发事件信息，在心理上本能地测定危机和自己的距离，根据重大突发事件的发展过程不断修正"社会地图"，并根据危机距离自己的远近来选择相应的反应。只有这样，他们才能克服孤独和疏远带来的恐惧、焦虑，才能更好地监测环境，真正满足自己生存发展的需求。

（2）关注周围人的安危

在作为公众的个体确认自己在重大突发事件中没有危险的时候，会关注周围和他有关系的人，包括自己的家人、亲戚、同学、同事、朋友、邻居等。周围的这些人和突发事件关注者、同情者有着不同程度的情感联系，因此，对他们的关注也是个体安全需要和隶属需要的心理表现，是个体确认自我社会位置的一种表现。

（3）满足爱的需求

在重大突发事件中，事件关注者、同情者对事件的当事人、受害者、幸存者给予自己的爱护、温暖、关怀、捐助等，实际上是个体一种爱的需求。马斯洛认为，爱的需要、爱别人的需要是个体生理和安全的需要得到满足后出现的一种正常的心理反应，也是出于社交的需求。

3. 网民心理

随着信息技术与互联网的高速发展，新媒体时代悄然来临，媒介技术的发展正在改变着我国舆论的生成模式，手机的普及导致网民规模急剧增加。实际上，在重大危机事件发生发展的过程中，只有极少数人可以直接参与其中，大多数公众都是通过网络媒体平台接收、传达有关信息，这种信息传播具有便捷性与即时性，能够方便公众获取有关信息，与此同时也带来了潜在的风险。新媒体时代，个人向社会传播信息的能力被急剧强化，人人都有发言权，民众的表达意识逐渐增强，舆论场从线下转到了线上，似乎变得更加肆无忌惮，网络冲突在危机事件的应对中也是很关键的一环，很多谣言都是在网络中不断流传发酵的，因此网民在突发公共危机事件中的作用不可小觑。

网民在网络中冲浪时，不仅会对信息进行单纯的接收，也会进行二次加工，这种网民加工突发公共事件过程中的有关信息的心态主要包括以下三种情况。

（1）对信息进行正向演绎与激活，希望促进公共危机事件的解决

随着互联网的普及，网民的发言权与主体意识逐步强化，网民们在网上冲浪的过程中不满于单纯信息的接受，渴望能够将自身的学识与社会体验与网络中的信息相结合，对突发事件中的传播内容进行合理的推理、想象，进而演绎、推广。这种对信息的二次整合与演绎是具有一定价值与传播意义的，"一万个人眼中有一万个哈姆雷特"，网民跳出原有的思维模式对信息进行去伪存真，进行理性的信息再整合，合理借鉴已有信息进行拓展丰富，从而在庞杂紊乱的信息流中萃取最精华的内容，这对其他人群的心理提取有很大助益。

（2）对信息进行任意扭曲，断章取义，意图制造舆论漩涡

正所谓"三人成虎"，部分网民会根据自己头脑中的认知对网络中的信息进行再加工，这种添枝加叶与拓展大多是没有依据的，

这种情况下的信息经多轮加工往往会使其偏离本意，以偏概全，加之不同网民的个人情绪与认知不同，经过添油加醋的信息往往严重失真。

这类网民的意图是为了产生轰动效应，制造网络谣言，断章取义、制造噱头，博人眼球。现在网络新闻与公众号文章中普遍存在这种"标题党"现象，抱有此种心理对危机事件中的网络信息进行再加工的网民往往是一种博得关注的心理，传播的信息不可取。

（3）对冗杂的网络信息进行辨别后再传播

随着新媒体时代的发展以及自媒体平台的增多，网民对包罗万象的信息也是抱有辩证的态度在审视，他们不再直接听取、采纳有关信息，而是对了解到的信息做出鉴别与评价。事实上，网民对网络中传播的危机事件有关人物、事件和现象的评价也是其参与社会治理的一种重要形式。网民在辨别信息时，会分别以社会和个人心中的两把标尺来衡量信息，不同的衡量标准也会产生不同的传播效果，但无论哪种衡量标尺，只要网民谨言慎行，不夸大其词，不捕风捉影，不恶意制造不当言论，即可保证信息的良好有序传播，即可保证信息的良好有序传播。

4. 政府管理者心理

重大公共安全事件爆发后，政府作为灾后心理援助的主导者，采取及时有效的心理危机干预可以帮助服务对象消除不良心理问题，恢复正常生活，同时对于整个社会来说会大大降低自杀率。在重大突发性事件面前，一些人缺少理性分析、分辨的能力，要消除恐慌和传言，最有效的方法就是信息公开。因此，面对重大突发事件，政府需借助于媒体、互联网等向公众传达公开、透明、真实的信息，以消除公众恐慌心理，从而不断提高政府公信力，树立良好的政府形象。在公共危机事件中，合理正视公众心理危机，在法律和政策的双重保障下，既能促进危机的解决，又能维护社会的和谐稳定，同时也可以提升政府部门的公信力。事实上，在重大公共安全事件中，政府管理者也面临着巨大的心理负担，这同样需要我们关注。

（1）政府干部的双重角色压力

在危机事件中，领导干部往往既是救援的负责人，也可能是危机事件的受害者。当前，政府部门需要在危机事件救援中扮演最主要的角色，领导干部也就顺理成章地担当起灾后问题解决、救援实施的主要责任。这就要求他们总是以积极的状态（如微笑、情绪激昂等）来感染和调动受灾群众的情绪。但同时，领导干部也会因危机事件而产生应激反应，感受到更大的压力。

（2）岗位职责重大，工作超负荷

领导干部作为危机事件处置决策的主要负责人，责任重大。尽管在平时的工作中会有危机意识宣传和危机处理培训，但不可否认的是，每个人在危机事件现实中都会产生一定的心理压力。在突发危机事件中，领导干部可能突然面对大量的工作任务，长期处于超负荷工作和高强度作业的状态。

（3）社会支持系统受损，缺乏发泄途径

危机事件发生后，领导干部一样可能突然失去亲人或远离亲人，其心理社会支持系统遭到破坏。同时，受中国传统文化中"隐忍"特质的影响，领导干部习惯于默默忍受内心焦虑和工作压力，特别是在危机事件发生后，更要求他们要具备强大的承受能力，他们需要在危机事件中以身先士卒、立身为旗的行动做好榜样和示范，因此，其缓解心理压力的方式常常相对不足。

第三节　重大公共安全事件中的个体心理应激分析

一、重大公共安全事件中个体心理应激的产生因素

突发公共危机事件发生后，由于时间紧迫、信息缺失等原因，个体很难对危机事件进行准确的判断和评价。因为缺乏理性的认

知，在外界压力的刺激，以及自身各种需求的情形下，往往会出现心理应激反应，这是人的本能反应。在应激的状态下，有效的应激可以提高人们的危机意识、警觉水平，这是有益的应激，有益于个体积极应对危机事件。但是，突发公共危机事件越严重，持续的时间越长，就越会对人们的心理造成更大的压力，心理应激越强。当心理压力超过个人认知水平，个体长时间处于紧绷的状态中而得不到救助时，不但会对个体造成心理创伤，还会扰乱其日常生活，影响其身心健康。从整个应激过程来看，个体心理应激产生的原因主要是独立于个体的外在因素，以及与个体息息相关的内在因素。

（一）重大公共安全事件中个体心理应激的外在因素

个体产生心理应激的外在因素主要是指应激源，生理学家塞尔耶首先对应激进行了研究，提出应激是人或动物在环境的刺激下发生的一种本能的生物学反应，应激源便是来自外界的压力事件，如自然灾害、安全事件、危机事件等。应激源是导致个体出现应激反应的最直接因素，也是心理应激产生的源头。突发公共危机事件作为来自外界环境的刺激因素，直接作用于人或动物，刺激有机体做出反应，当个体感受到刺激时，会本能地做出反应，以适应环境需求。应激源是个体产生心理应激的直接外在因素，那么突发公共危机事件的严重程度和破坏性大小也直接影响到个体的心理应激水平。

（二）重大公共安全事件中个体心理应激的内在因素

1. 人类需要的满足程度

马斯洛需求理论指出人的需要包括生理需求、安全需求、社会交往需求、尊重需求以及自我实现需求（吕艳，2011）。五种需求按从低到高的顺序排列，个体一层一层得到满足，并随着心理的满足程度不断变化。其中，生理需求是最低层次的需求，也是最基本的需求。如果生理需求得不到满足，人的机体便发生故障，无法正常运作。安全需要属于第二层次的需求，指的是一种个体在寻求生命、财产等个人生活方面免于威胁和侵犯并得到保障的心理。重大公共安全事件的发生对人的生命产生威胁，此时，人们有安全的需求，人们感受到了来自突发公共危机事件的压力，个体从内在出现紧张，机体的平衡被打破，为了恢复和维持机体的平衡，个体会采取行动，通过行动来达到生理和心理上的平衡。在这种行为动机下，人们便会出现各种理性和非理性的行为。实际上，在重大公共安全事件发生之初，剧烈的自然环境与社会环境变革会导致人们的低级需要出现极大缺失，比如自然灾害导致的食物短缺，百姓流离失所，这都会使生理需要与安全需要得不到满足，从而出现应激状态。

安全需求得到满足的同时，人们会有更高层次的需求，如社会交往和尊重的需求，所谓社会交往和尊重的需求是指人们从感情上希望得到他人的关心、帮助和尊重。当突发公共危机出现后，人们除了生理和安全得到保障外，仍然需要得到来自他人，如亲戚、朋友以及政府的帮助，希望在精神上得到他们的关心和体谅，得到尊重和关怀，否则，仍然会出现紧张、焦虑等负性情绪体验。此时政府在突发公共危机事件处理中的作用就显得尤为重要。

2. 风险认知与风险评价

风险是威胁事件下个体遭受损失的概率以及损失程度的函数。风险认知是一种主观的心理状态，是公共安全事件发生时，人们对事件危险信息认知、评价和判断的过程。风险认知越大，人们越容易引起心理上的恐慌，心理应激程度就越高。不同的人对待风险有不一样的认知和态度，有些人偏爱风险而有些人则厌恶风险。当然，在突发公共危机事件下，人们的行为选择是依赖于个体自身对风险的评价认知加工，追求价值最大和满意目标。在风险决策理论中，卡尼曼（Kahneman）和特维斯基（Tversky）在期望值和期望效用理论基础上，考虑到个体的主观心理因素，提出了前景理论（Wang et al.，2007）。即当人们面对不确定的事件时，就比如是突发公共危机事件，人们对事件的评价超过个体认知时，情绪上和认知上会出现偏差，个体应对危机事件的能力下降，认知负荷增加，造成心理上更大的负担，常常会出现不理性的行为。

该理论认为人们在面对不确定的复杂问题时，由于信息不充分、时间紧迫或者信息接收能力下降等因素，往往会尽量减少认知负荷，试图通过努力找到认知的捷径，从而会出现凭借直觉、经验和想象进行判断和评价的行为，在这样的情况下往往会产生认知、情绪和意志上的偏差。

二、重大公共安全事件中个体心理应激的过程分析

重大公共安全事件是一类强度较大的应激源，在这种情况下，人们往往较难理智地对事件进行认知分析，经常会出现较强烈的应激反应，尤其是心理应激。据此，本部分结合危机事件的演化过程以及心理应激的发生理论模型，对重大公共安全事件中个体心理应激的过程进行分析论述，以期为紧急状态下的公共危机处置、心理调适与行为引导提供理论依据。

（一）重大公共安全事件中个体心理应激的最初形成机理

在没有重大公共安全事件的情况下，个体对外界环境保持着一个理想的适应度，而当事件发生时，个体的适应度就会发生偏离，心理平衡状态也被打乱，出现恐惧、恐慌的心理状态。由于个体之间的适应度是不同的，所以事件发生后会出现不同的心理反应。重大公共安全事件的突发性和不确定性瞬间对人们形成心理刺激，在时间有限和信息有限的情况下，人们只能根据自己的事件经历和相关事件知识对突发的公共安全事件进行风险认知与评价。理性的风险认知是应对突发事件的基础，但是在紧急状况下，人们的认知往往会出现偏差或过度的判断。因此，风险认知的正确与否能够对人们的情绪造成较大的影响，从而进一步影响人们的态度和行为。另

外，如果人们对公共安全事件的风险态度不同，心理应激状态也会有所不同。

因此，风险认知是公众心理应激反应产生甚至蔓延过程中的直接影响因素。风险认知程度主要受事件危险程度、人们自身的知识结构、人们的危害经历、个体特征及他人行为等因素的影响。在时间有限和情况紧急时，大多数人很难形成正确和理性的风险认知，从而加剧了心理恐慌和心理应激的程度。风险态度是个体对认知到的风险给予的心理价值定位，风险态度的差异使个体间产生的心理应激水平是不同的。

（二）重大公共安全事件中个体心理应激的爆发式发展机理

由于公共安全事件具有较大的危害性与破坏性，经历事件的人们在外界环境的刺激下，都会出现心理应激反应，这对于人类的生存是有益的。在公共安全事件发生后，人们的心理应激状况在风险认知、个体特征、风险沟通以及外部环境的作用下继续发展，大部分公众的心理应激反应在自我调节和心理干预的条件下会逐渐缓解，直至消失。但是部分个体的心理应激反应会逐渐发展为心理应激障碍，甚至会出现自伤和自杀的行为。

相关研究表明，人们如果能够有效地对公共安全事件进行认知，明白事件发生的原因，就能够有效地控制突发事件和自己的心理与情绪。但是公共安全事件发生后，大多数经历事件的人员信息处理能力会下降，在读取信息时有简单化和单纯化的倾向，往往会忽视难以理解的信息，忽视深层信息，这大大降低了人们风险认知的能力。由于个体的心理特征是不同的，部分人员心理承受能力较强，能够在处于安全的环境时尽快调节自己的心理，这有益于心理应激反应的缓解；对于心理承受能力弱的人员来说，心理应激反应加重的概率将大大增加。风险沟通的方式主要包括人际关系沟通、大众媒体发布信息、网络平台的风险沟通三种方式。如果风险沟通是有效的，且风险信息是真实可靠的，那将大大降低心理应激反应加重的可能性。

另外，外部环境对于心理应激反应的改善是非常重要的，公共安全事件发生后，安全的环境、有效的支持和帮助是保证经历事件人员的心理应激反应得到缓解的必要条件。当公众出现心理应激障碍时，有效的心理救助是必须进行的，否则心理创伤将长期影响公众的心理和生活，甚至部分人员会出现自残和自杀的行为。

（三）重大公共安全事件中个体心理应激的演化扩散机理

公共安全事件发生后，心理应激的演化扩散机理包括心理应激反应的转化机理、蔓延机理、耦合机理以及衍生机理。①心理应激反应的转化机理指的是心理应激反应与生理应激反应之间的转化，即个体在心理恐慌的情况下，生理反应会受到心理变化的影响，其生理指标会产生相应的变化转而反作用于心理状况，从而加重心理应激；②心理应激反应的蔓延机理指的是公共安全事件发生后个体之间相互影响，心理应激反应会逐渐演化为群体心理反应，加剧心理的恐慌程度；③心理应激反应的耦合机理指的是心理反应和生理反应的交互作用会导致行为出现异常，或者生理的异常反应和行为异常反应相互作用加重了心理应激反应的程度；④心理应激反应的衍生机理指的是强烈的心理应激反应可能会引发社会秩序的紊乱，影响人们的正常生活；等等。总体来看，在心理应激的演化扩散过程中，会出现心理应激与生理应激的转换，个体到群体的人群扩散、身心异常反应对心理应激的进一步强化，以及心理应激反应导致的社会动荡等现象，是应激反应加剧的过程。

（四）重大公共安全事件中个体心理应激的终结机理

公共安全事件后心理应激的终结机理指的是心理应激反应消失，人们的心理恢复到健康状态。公共安全事件发生后，与事件直接或间接接触的个体或群体都会出现心理应激状态，部分个体由于对相关事件经验丰富，心理素质和应急能力强，心理应激反应会逐渐自动消失，心理应激就会终结；心理应激反应强烈甚至出现心理应激障碍的个体，在心理救助的作用下，心理创伤会慢慢恢复健康，心理应激也就终结了。

公共安全事件下，人们的心理应激状况会随着事件的发展演化不断发生变化。心理应激反应是公共安全事件下人们的正常反应，是人们应对危机和适应新环境所具备的能力，一般情况下，随着公共安全事件的终止和自我的调节会很快消失。但是，如果公共安全事件的危害性特别大，持续的时间很长，在发展过程中就很可能转变成其他事件，人们的心理承受能力很容易达到极限，心理应激反应就会过于强烈。

对于重大自然灾害或社会安全事件来说，过于强烈的心理应激反应对于受灾人员来说是十分不利的，在这样的情况下，人们的体力消耗就容易加快，心理承受能力就会迅速降低，从而导致其求生欲望大大降低，既不利于人们应对危机，也不利于应急救援的有效进行，而且在被成功救援后，其心理创伤程度加重的可能性会大大增加。因此，明确公共安全事件的发生发展机理以及突发事件下人们的心理应激机理，对于公共安全事件的应急救援和心理创伤的有效控制与救助有重要的意义。

第四章　重大公共安全事件中的群体行为及群体动力机制

第一节　重大社会公共安全事件中的公众心理特点

公众指与公共关系主体利益相关并相互联系、相互影响的全体、组织和个人的综合，它是公共关系传播沟通的对象。公众是有一定联系、相互影响的人们构成的群体，具有一些共同的特性，如群体性、公共性、多样性、变化性等（温孝卿，2004）。公众心理是在人们的情感、对某事物的态度、人际交往等当中表现出来，对社会种种现象的普遍理解与感受，是一种社会意识形态。公众所持的公众心理是由现实生活对他们的影响而形成的，公众心理形成对应于社会风气，从而给予社会行为动力导向。

重大公共安全事件中的公众心理是在发生重大公共安全事件的整个过程中，公众所产生的一种心理状态或现象，是公众对周围环境的破坏、身心受创以及由此而产生的体验和心理行为反映。重大公共安全事件除了造成巨大的有形损失、损害之外，还可能对公众的心理层面产生不同程度的影响，甚至会导致公众认知、情绪、情感和行为的失调。过度的应激反应还有可能发展成为心理危机，引起大范围的群体性心理变化和社会动荡，从而严重影响社会的稳定、人们的正常生活。面对重大公共安全事件，我们除了要关注其造成的外部有形的变化以外，同时还要了解和把握重大公共安全事件中公众的心理特点。

一、重大公共安全事件中公众的盲目从众心理

从众，俗称"随大流"，指团体成员由于受到团体压力等因素的影响而在知觉、判断、信仰或行为上与多数人趋于一致的现象。重大公共安全事件中的从众，大多属于一种盲目从众。在重大公共安全事件中，盲目从众是一种普遍存在的心理现象，是公众在重大公共安全事件影响下产生的一种非理性的心理反应。由于公众是基于部分信息来把握整体事件的，加之信息不对称，因此常常不能全面、完整地了解和把握整个事件。在这种情况下，一旦出现较主流的信息或符合其心理需求的信息，公众就会产生盲目从众。

"沉默的螺旋"理论认为，个人意见的表达是一个人对自己环境进行观察之后所做出的判断，人们需要用察言观色来决定自己的行为取向，以便尽量使自己保持与多数人一致。其根源在于个体对偏离群体有着本能的恐惧，害怕群体压力给自己带来的心理压迫感和孤独感。这种压力带来的压迫感和挤压感是如此强大，以至于个体往往放弃自己与群体规范相抵触的意识倾向，被动或无意识地服从群体中大多数人的意见，做出与自己愿望相反的行为。重大公共安全事件中公众的盲目从众主要有以下几种表现形式：

首先，表现为公众对重大公共安全事件中面临的各种情况和问题的知觉判断弯曲。对自身的判断缺乏自信，对后果没有完全的把握，虽然知道自己的判断与别人的不同，但还是把多数人对事件的认识作为标准，盲目跟从以求心安。其次，表现为公众在重大公共安全事件中的行为弯曲。即人们明知他人的行为是错误的，但是不愿意被排斥于群体之外，人们抑制了自己的判断，而采取一致的行为。在危机事件中，常常会出现一些非理性的集体行为，这与人们的盲目从众心理是密切相关的。公众在重大突发事件中的盲目从众心理极易被别有用心者所利用，因此需要及时、全面信息的引导和

有效的心理干预。

反日游行与从众砸车行为

钓鱼岛及其附属岛屿自古以来就是中国的固有领土，中国对此拥有充分的历史和法律依据。但是，日本方面无视大量历史事实，竟声称钓鱼岛为日本的"固有领土"。2012年9月15日，因日方"购岛闹剧"引发了"反日游行"，这表达了全国人民捍卫国家主权和领土完整的决心和信心。但是，少数不明真相、盲目从众的个体做出了疯狂的打砸抢行为。

张辉（化名）作为一名母亲，她出门的原因只不过是为了去公园里，帮上一年级的女儿完成作业，收集一些秋天的树叶做书签。她对西安的路并不熟，就根据导航，直接上了东二环，想从南二环经过小寨再往长安。车是7月份才买的，崭新锃亮，才开了1000千米。当天下午3点，她从家出发，碰巧遇到了游行的队伍，从一段目击者拍摄的视频显示：游行人群发现了张辉的车，突然狂奔起来，大声喊叫着从后面冲了过去。张辉在后视镜中看到，他们举着铁锹、棍棒等，"像蝗虫一样，风一样就过来了"。两个孩子和姐姐在后座位上，还没有下来，有一个男子就跳上车前玻璃狠踩，其他人则抢着棍棒开始砸车。其间，张辉曾试图坐上车去阻止砸车，但被一帮男子从车上揪了下来。一度，两个孩子惊恐万状地看着妈妈发疯般地哭喊。大约10分钟后，一路之隔的长安路派出所民警赶到现场，喊着："走了，走了。"但此时车已几乎被砸毁，又被侧翻。张辉的腿上几日后仍有一大块瘀青。

在民族情绪高涨的游行中，参与其中的个体容易受到群体氛围的影响，不加理性思考就参与到打砸日资品牌汽车的行为中，其行为并不是真正的爱国行为，反而侵害了其他公民的合法权益，也对社会造成重大危害。

二、重大公共安全事件中公众的法不责众心理

在贵州瓮安县"6·28"群体性事件中，很多参与者在事后对自身参与的行为进行了解释，他们一再强调，并不是哪一个人做的，而是大家一起做的，要承担责任应该大家一起。在"人多势众"的情况下，法不责众的心理助长了犯罪行为。公众在群体性事件中的打砸抢烧等不法行为的背后，掩藏的是其抱有的"法不责众"的侥幸心理，即"责任扩散效应"。

美国社会心理学家拉特纳和达利通过一系列实验得出"责任扩散效应"，指当发生了某种紧急事件时，如果有其他人在场，那么在场者所分担的责任就会减小。因为每个人都认为助人的责任和助人失败可能会带来的成本应由大家共同承担，也就是责任扩散到其他人身上。在群体事件中，这种心理起到了推波助澜的作用，往往导致公众的行为偏激化、失去理性、失去责任心。许多参与事件的人认为，只要人一多，个人混在群体之中，做着和其他千百人相同的事，他们相信自己的行为最终不会受到追究，因此这种群体行为的发生与其匿名性或去身份化有密切联系。

重大公共安全事件中公众的法不责众心理，一方面会使得人们敢于发泄自己本能的欲望。正是由于受到所谓的"免责鼓励"，个体本能的欲望便得以全面释放，很多臆想、夸张、偏激甚至丑恶等平时存在于潜意识的欲望，在群体行为中都有了释放的可能，有了浮出水面的机会。这表现在一些因法不责众而引发的恶性行为上。另一方面，群体的存在导致"无责鼓励"下的个人公德丧失，出现本应干预而未干预的群体性非恶意行为。这表现为见死不救、冷漠围观或者危机出现不上报等不良行为。这些行为本质上都是对个体利益的追求导致对集体不利的后果。由于这部分行为都是个体出于自身利益、自我保护或自我求生的本能而引发的，其行为出发点并无恶意，相关行为与后果难以进行责任追究，故而容易引发群体性行为。

贵州瓮安县"6·28"事件

2008年6月28日下午,贵州省瓮安三中初二年级女学生李某22日凌晨溺水身亡,因对死因鉴定结果不满,死者家属聚集到瓮安县政府和县公安局上访。

此事因大量谣言混杂,激起了不少群众对死者家属的同情。此时大堰桥头的围观群众买了一块白布,现场签名制作成横幅,让两个学生在前面举着,到县政府请愿。游行开始时,现场学生只有十多人。一路上,人越来越多,游行队伍从瓮安县城西门河边出发,经环城路文峰大道到瓮安三中门口,再前往县政府。七星村是瓮安县城边上水库移民居住比较集中的村,游行队伍出发时,部分移民跟在后面看热闹。游行队伍一路上边走边有人加入,在经过李某生前所在的瓮安三中时,加入学生较多,队伍规模已在200人以上。另外,游行的消息传开后,瓮安县城此前在政府征地、城市拆迁等行为中认为利益受损的一些失地农民和市民等,也纷纷跟在后面一起往县政府走。最终游行队伍抵达县政府时,已达上千人的规模。一些人煽动不明真相的群众冲击政府大楼,造成瓮安县委、县政府和瓮安县公安局、财政局被烧毁,以及一百多名公安民警被打伤的严重后果,直接影响到当地社会政治稳定。

群众此时的极端行为由两方面造成:一是因为长期积累的民怨,被不法分子利用;二是因为怀有侥幸的法不责众心理,使得一场个体性事件演变成群体性社会动乱。

三、重大公共安全事件中公众的恐慌心理

恐慌心理的存在是正常现象,因为个人生活常常会伴有困境和危机,个体恐慌心理对社会造成的损害程度较小,甚至可以忽略。但公众恐慌心理则会严重影响公众行为,对社会、政治、经济、生

产及生活造成重大损害。例如，2020年新冠疫情期间，公众因恐慌发生的诸如抢购口罩、双黄连以及种种生活用品的事件也在全国各地频频上演。重大公共安全事件也常常会对公众的心理造成较大的负面冲击和影响，使其产生过度的恐惧心理和行为，我们将这种危机心理和行为称为"危机恐惧综合征"。重大公共安全事件引发公众恐慌的主要原因包括：第一，重大公共安全事件对人们具有可能的危险性和威胁性；第二，重大公共安全事件往往伴随着大量不确定或模糊信息的广泛传播；第三，重大公共安全事件发生时，由于信息传播的混乱和不畅通等原因，往往会导致人们对环境控制感的丧失（陈孟燃，2015）。

　　因重大公共安全事件而产生的公众恐慌心理，相关机构应及时反应，加以引导和调节，避免产生"蝴蝶效应"，给社会带来更大的危害。"蝴蝶效应"是指初始条件十分微小的变化经过不断放大，对其未来状态会造成巨大影响。在蝴蝶效应的影响下，关于重大公共安全事件的真实信息与虚假信息都迅速传播开来。真实信息满足公众对事件信息的需求，能够分析环境状况，使其更好地应对事件；而虚假的消息和谣言会造成民心不稳，使流言蔓延从而加剧公众的恐慌心理。

四、重大公共安全事件中公众的心理安全感

　　安全感是人们渴望稳定、安全的心理需求。在我国快速发展变化的社会转型时期，不可避免会面临诸多产生不安全感的诱因，如食品安全问题、环境污染、交通事故、信任危机、道德缺失等。提升公众的安全感是提高国民幸福感整体水平的有效途径，也是实现社会稳定的重要保障。我们必须从社会和心理两个层面着手，切实提升国民的安全感。要树立大安全观，正确处理国家安全和公众安全的辩证关系，进一步认识到公众安全感对社会稳定、经济发展的重要意义，把公众安全作为国家安全的重要组成部分，加强公众安全感的顶层设计。在制定相关政策法规时，根据公众的年龄、职业

和经济收入等特点，注意点面结合、有的放矢。进一步完善财产、人身、交通、医疗、食品、就业、隐私和自然环境安全的法律规范，依法保障人民群众的安全。充分发挥舆论引导的作用，帮助公众实现自我认同与自我接纳，获得内心的安定与充实。

马斯洛的需求层次理论中，安全需要指的是"安全、稳定、依赖、免受惊吓、焦虑和混乱的折磨的需要，对体制、秩序、法律、限制的需要，对于保护者实力的要求等"。安全需要是人们的一种基础性需要，重大公共安全事件的发生对社会公众的心理安全感有着极大的影响，政府在重大公共安全事件中的处理直接关系到社会公众心理安全感的满足。而重大公共安全事件中，往往由于政府信任危机、信息不对称、公共安全事件频发和公众认知偏差等原因，造成社会公众心理安全感的降低。通常人们总是试图通过各种手段来缓解心中的不安全感。

五、重大公共安全事件中公众的情绪感染

情绪是一种具有组织性、深刻内涵、持续变化且具有信号功能的心理状态。情绪感染可以认为是情绪的敏感性，是人们通过"捕捉"他人的情绪（包括他人的情绪评价、主观感受、情绪表达、模式化的心理过程、动作倾向和特定行为等），来感知周边人的情感变化的交互过程（宋之杰等，2017）。一般重大公共安全事件都具有复杂多变、情况紧急等特点，短时间处理大量信息，公众很难在诸多不确定因素的作用下做出合理的判断，当人们无法掌握关于重大公共安全事件的明确信息时，非官方途径带来的心理或者行为上的暗示，即刻就会在公众中传播开来。

在重大公共安全事件发生的过程中，公众的心理往往具有向消极和悲观方向发展的倾向和趋势，这种群体暗示使得群体之间容易产生情绪感染，甚至引发一些集体行为。如果政府和媒体在突发公共事件中不能够正确地引导舆论，缓解公众的悲观情绪，将会对社会秩序带来重大的影响，甚至造成极为严重的后果。尤其在事件初

期，由于公众可能对事件认识的全面性和客观性不足，某种观念或者行为易于在外界信息暗示机制的作用下以极快的速度在公众中蔓延开来。例如，当某一重大公共安全事件相关信息通过媒体传播给公众之后，微博、微信等社交媒体中的交流和分享如雨后春笋般涌现，此时评论和热议中掺杂的各种负面情绪会迅速蔓延，并在公众之间相互感染，导致某一类情绪极化，改变公众的理性心理。身处社会群体中，情绪心理感染迅速且感染力强，通过相互传播的过程，会很快进入群体中所有人的认知，当人的无意识占据着人的主导地位时，群体情绪和观念的相互感染会使公众心理朝着同一方向发展。

第二节　重大公共安全事件中的群体参与及应对

群体参与就是指社会组织、企事业单位或者独立的公民个体参与政府的公共管理。随着我国社会多阶层化的发展，在重大安全事件中完全由政府包揽的管理模式逐渐显现出其弊端，因为事件的突发性和严重性，政府在应对该事件中可能会出现心有余而力不足的现象，严重时还会引发公众和政府之间的矛盾。因此，倡导企事业单位、社会组织和公众利用其掌握的相关资源，为重大安全事件的应急救助管理贡献其特有的力量，是良好应对的强有力的保障。

一、参与主体

1. 政府部门

政府是指国家进行统治和社会管理的机关，是国家表示意志、发布命令和处理事务的机关，实际上是国家代理组织和官吏的总称。政府的概念一般有广义和狭义之分，广义的政府是指行使国家权力的所有机关，包括立法、行政和司法机关；狭义的政府是指国家权力的执行机关，即国家行政机关。

　　政府在重大公共安全事件中起关键引导作用，公众的行为决策依据主要来源于政府公布的信息，政府采取不同类型、不同强度的应急管理措施，会产生不同的引导、调控效果。政府作为突发公共事件防控工作的主导者，有责任向社会公众及时公开透明的信息，而公众作为信息的接受者，其行为决策的选择受政府决策的影响。

江苏泰兴官员因忽视环保责任被环保部约谈处分

　　江苏泰州的泰兴市滨江镇天星村头圩组，距长江不足百米的江堤东侧，3个数十米见方的污泥池从南向北一字排开。池内堆放的污泥来自3公里外的泰兴市滨江污水处理有限公司（下称"滨江污水厂"），干涸发黑，发出阵阵恶臭。

　　早在2016年7月第一轮环保督察时，中央环保督察组就接到了群众对污泥池的举报，并将其作为重点案件转办地方整改。当年8月21日，泰兴市政府官网发布《中央环保督察组交办信访问题泰州办理情况》（以下简称《办理情况》）称，泰兴市环保局于7月底对此问题立案查处，3个污泥池已停止使用，11月底前将启动污泥规范化处置。

　　2018年6月11日，中央环保督察组"回头看"通报指出，2016年7月第一轮中央环保督察时，有群众举报滨江污水厂在长江内侧芦坝港（即天星村头圩组）违法倾倒数万吨污泥，但3个污泥池并未真的停止使用。据滨江污水处理厂常务副总经理曹国家介绍，所谓停止使用是针对南池，"就是不再往里倒新的污泥"；而北侧两池内，污泥倾倒始终未停。如今，违规倾倒的污泥不仅没有消失，反而增加了近1倍，达到近4万吨。中央环保督察组在通报中写道，泰兴"信访查处反馈报告中的承诺成为一纸空文"。

　　为此，泰兴市委副书记、泰兴经济开发区党工委书记张坤等5名干部被问责。其中，张坤被给予党内警告处分，泰兴经济开发区管委会副主任王新宇被给予政务记大过处分，泰兴市滨江污水处理有限公司法定代表人、常务副总经理曹国家被给予撤销党内职务处分。

2. 社会组织

社会组织是指包括社会团体、基金会、民办非企业单位的非营利性组织（NPO），在体制上独立于政府，也可以称为非政府组织（NGO），可以为自然灾害应急救助提供各类专业化服务。社会组织是政府与私营企业间现代社会结构分化的产物，产生于民间，具有非营利性、公益性、自治性等特征。社会组织在应急救助中的主要职责是保障受灾民众的基本权利，主要手段包括人员派遣、筹集资金、物资救援、心理援助等。社会组织拥有独特的专业性和灵活性，因此具有不可比拟的社会动员优势，可以深入社会各个阶层，与政府部门形成优势互补，使参与工作更加高效。当自然灾害发生时，社会组织充当着政府的辅助力量，既开展应急救援，又作为主要信息和资源的提供者，全程监督政府在自然灾害应急救助活动中的工作。

3. 企事业单位

企事业单位是指从事经营生产活动的基本单元，具有国有企事业单位、混合所有制企业和私营企业单位等不同的类型，包括各种组织形式的公司和企业。在自然灾害应急救助中，企事业单位是本单位的生产安全和应急管理的责任主体，同时为自然灾害应急救助提供所需的各类物资和产品服务，主要负责开展本单位的应急预案编制、组织单位内部的应急准备服务、提高单位内部的应急响应能力并提供专业的应急服务。特别是在技术保障、紧急救援、物流保障、平台构建、心理援助等方面具有专业化优势的企事业单位，可以发挥很好的辅助应急救援作用。

例如医院中的医护群体是重大公共安全事件中社会救助体系中所不可缺少的一环，他们作为救援者，往往更加容易出现心理危机。博格（Berger）等发现灾难过后的医护救援者发生创伤后应激障碍的概率显著高于普通人群体（Berger et al.，2012）。

4. 普通公众

普通公众个体与家庭是社会的基本生活单元，是公共安全事件参与群体中最为庞大的主体，他们既是自然灾害、公共安全事件的直接受害者，又是应对自然灾害、公共安全事件的直接参与者，对个人和家庭的安全负责。这类公众接受过应急教育和培训，拥有一定的风险意识和自救能力，并能够积极配合社会组织，开展积极的互救和自救。灾害来临时，政府、社会组织等不能立刻实施有效的救援工作，这就需要公众团结起来，力所能及地为社会提供物资，为大规模的救援工作争取宝贵时间，将灾区人民的生命和财产损失降到最低。

在经历了重大公共安全事件后，普通大众往往会出现偏信和盲从等认知反应，具体表现为缺乏一定的主见，过度关心与重大公共安全事件相关的信息，对信息真伪的鉴别力度降低。

虚假信息传播

2020年7月7日，贵州省安顺市一辆公交车坠湖。截至7日17时30分，共搜救出36人，其中21人死亡，15人受伤。因为事发当天正值高考的第一天，"肇事司机因女儿高考失利而自杀"的说法在网络上不胫而走并引发了广泛的讨论。随后当地公安机关对相关背景进行调查后发现，该司机只育有一子，年25岁，因女儿高考失利而自杀的说法为谣言。

2021年8月11日，满城区公安分局网络安全保卫大队在网上巡查中发现，王某某在其聊天软件中发布其新冠病毒核酸检测结果呈阳性的报告，引来网上多人围观并留言，造成了一定人群的恐慌，经调查，民警很快研判此信息为虚假信息。经查：该信息为2021年8月8日19时，王某某为恶搞、博取眼球，将自己在医院所出具的真实核酸检测阴性报告用手机P图修改成阳性，并将伪造的虚假检测结果制作成小视频公开传播，同时发送在某社交软件上，造成该视频被多次评论、传播。事件发生后，王某某被依法行政拘留。

网络不是法外之地，网上发布信息、言论应当严格遵守国家法律法规，对散布涉疫情谣言，扰乱社会秩序的违法犯罪行为，公安机关将依法查处，严厉打击。

5. 专业人士

专业人士主要指公众个体中的专家学者，他们虽然不在政府组织的专业应急救援队伍之中，但拥有丰富的实践经验和知识，可以在灾害预防、响应、恢复等阶段提供咨询、指导和建议。专业人士学识渊博，涵盖各类学科，在灾害和突发公共安全事件应对中可以发挥自身专业优势，参与到应急救助的各个环节，例如，医学人才在应急救助时提出医疗救护建议，为受灾受困人群提供医疗咨询和帮助。专业人士拥有的知识和技能使应急救助活动更加科学化和规范化，使政府在有效实施救援的同时，最大限度地降低应急管理的成本。

二、群体参与情况

重大公共安全事件的时间进程可分为准备和预防阶段、响应阶段、恢复阶段。准备和预防阶段是指在灾害发生之前，通过采取各种行动和措施，消除隐患，以及做好各项准备工作，加强备灾能力，防止自然灾害带来的损失进一步扩大，达到尽可能减少潜在灾害损失的目的。响应阶段是指在事件发生时启动应急预案和措施，实施紧急救援，协调各组织进行联动，向社会发布灾害状况和政府的措施，恢复关键性公共设施项目。恢复阶段是指在事件发生后启动恢复计划和措施，进行灾后重建和修复，提供补偿和社会救助，进行灾后规划和重建选址，进行总结评估和审计，提供心理救援服务。

（一）救助方式

1. 捐助资金、物资

公众可以通过直接向慈善机构、相应政府机关和抗灾一线群体捐助善款，提供相应的生活物资。也可以间接地协助打通捐助者与被捐助机构之间的沟通渠道，提供管理协调的服务。如在新型冠状病毒大流行初期，我国的医疗救助机构和公民群体极度缺乏一次性医用口罩等防护设备和物资，部分驻海外企业、华人社团及留学生群体积极联系国外的口罩生产商和经销商，筹集国内外爱心人士的善款，购买并协调相应的口罩等物资的运送活动。

疫情下的"口罩航班"

2020年2月3日，南航内罗毕飞往广州的中国南方航空CZ634航班上，许丹琦作为该航班的责任机长，驾驶一架A330飞机。除了货舱，飞机的客舱里也装载了肯尼亚华人华侨捐赠的医疗物资，座位上的一个个箱子让网友泪目，被网友称为"口罩航班"。

内罗毕当地时间2月3日11时10分，正准备前往内罗毕机场飞回广州的许丹琦和主任乘务长郎敏英，接到南航内罗毕营业部总经理黄冠文的电话。黄冠文焦急地说，有一大批医疗物资需要搭乘航班回国，飞机货舱已经塞满，还有240箱近2吨医疗物资需要放进客舱。"航班很可能延误，希望大家理解。同时场站人手不足，如果可以，希望大家帮帮我们，一起装货。"许丹琦和郎敏英感受到了黄冠文的焦急，更深知当时国内正处于新冠疫情防控的关键时期，运送防疫医疗物资刻不容缓。

一向追求航班准点的机组毫不犹豫地允诺全力协助，"能为抗击疫情做这样有意义的事情，义不容辞！"当机组抵达内罗毕机场时，机坪上的黄冠文正忙得大汗淋漓。经过紧急协商，他们决定把旅客的座位都调到客舱后部，前舱31排到43排座位空出来放医疗物资。于是就出现了整个飞机的前部机舱"坐"的不是客人，而是一箱箱口罩的感人一幕。

2. 志愿服务救助

志愿者，又被称为自愿进行社会公共利益服务的活动者，联合国定义为："自愿进行社会公共利益服务而不获取任何利益、金钱、名利的活动者。"具体指在不为任何物质报酬的情况下，能够主动承担社会责任而不获取报酬，奉献个人时间和助人为乐行动的人。

在重大公共安全事件发生后，公众可以在经过相应的培训后，通过救援志愿者等渠道参与到对灾民的生命救助中去。非灾区的医生、护士、军人和警察等可以通过政府或者社会公益组织等多种渠道，发挥其专业性优势，参与到受灾群体的生命救助中。

3. 救助信息的转发

当今社会，人人都可以成为网络上的媒体源。在线上，公众可以作为自媒体通过多种不同的线上社交软件，及时高效地发布或者扩散灾情信息到网上。但是在发布和扩散信息的同时，应该认真地对信息的真实性和来源加以甄别，拒绝成为造谣者或造谣者的工具，避免对重大公共安全事件的救助产生负面影响和阻力。在线下，个人可以成为其亲戚朋友间的灾情信息"播报员"，帮助不会接收或者无法接收网络媒体信息的亲戚朋友或者其他弱势群体，传递灾情信息，普及防灾知识。

郑州暴雨的信息转发互助现象

2021年7月20日8时至17时，郑州市出现大暴雨，局部特大暴雨，强度达到"千年一遇"。由于遭遇罕见持续强降雨，郑州市常庄水库、郭家咀水库及贾鲁河等多处工程出现险情，郑州市区出现严重内涝，造成郑州市铁路、公路及民航交通受到严重影响。

在此重大灾情下，微博、朋友圈等互联网平台出现了网民自发转发当地灾情的现象。如不同的商家服务场所为被困附近的陌生人提供休息场所和必需的饮用水，并留有具体的地址和联系电话。网友通过互联网的力量，把这些民众自发的救助资源转发扩散，帮助有需要的受灾群众。

4. 心理疏导

重大的公共安全事件因为其强烈性和突发性，不仅给受灾地区的群众带来身体的损害，而且很可能会造成其心理上的创伤。如果不对他们加以疏导的话，严重时甚至有可能演变成创伤后应激障碍。因此，具备一定心理咨询专业资质的公众群体，如高校心理学专业教师、学生和专业心理咨询师等，对受灾群体进行心理疏导，是其灾后康复过程中的重要一环。

（二）群体参与的影响因素

1. 个体心理因素

个体心理因素是指自然灾害应急救助主体的个体心理状态与认知状态，包括公众对于应急救助的认知、内在自我效能感、参与意识、参与动机、对政府的信任程度和社会责任感等。内在自我效能感是指个体对自身参与政治和公共事务能力的信心水平。参与意识是指公众对于自身在参与自然灾害应急救助活动时的认知清晰程度。参与动机是指社会公众受客观环境因素所诱导、激发和维持个体活动的内在心理过程或内部动力。

2. 经济、社会发展水平

经济、社会发展水平是影响公众参与重大公共安全事件的重要因素之一。首先，经济发展带来的经济复杂化使得各种社会组织出现并吸引更多的公众加入社会组织当中，这体现了需要层次理论的观点，即在自我实现需要之上，还有为社会、他人做贡献的需要。其次，收入较高、受教育程度较高和社会地位较高的个体通常会比收入较低、受教育程度较低和社会地位较低的个体有更多的参与机会。经济发展水平的提高，增大了社会上高收入和高地位角色的比例，受到高水平教育的人数增加，公共事务的参与者也会增加。再次，受多种因素影响，也存在着收入水平、受教育程度、社会地位高低与助人行为之间并非正相关的关系，如传统文化影响下普通老百姓会表现出更主动的助人行为，并不受自身经济条件制约。相反，部分凭借市场经济机遇暴富的企业家却不愿意从事社会公益事业。因此，应加强对企业及企业家社会责任感的宣传教育，结合税收减免等政策引导企业及企业家关注公益事业，积极参与社会公共安全事件的救援工作。

3. 文化氛围

文化氛围是社会软实力的表现，既包括物质文化氛围，又包括精神文化氛围。其中，物质文化氛围表现为防灾减灾宣传教育、应急演练培训；精神文化氛围则是在应对自然灾害的过程中形成的人文精神，表现为"一方有难，八方支援"的抗震救灾精神、"和衷共济、团结奋斗"的民族品格、集体主义精神、爱国主义精神等。良好的物质文化和精神文化氛围，可以促进公众参与到重大公共安全事件治理中。

4. 政策法规

政策法规是指公众有序参与自然灾害应急救助活动所面临的法律政策和规章制度环境，具体包括应急救助的宪法、法律、规章制度、行政法规、规范性文件等。全国人大常委会于2007年通过的《突发公共事件应对法》，制定了自然灾害的预防与准备、监测与预警、应急处置与救援、灾后恢复重建等方面的基本制度。重大公共安全事件的法律政策是应对突发事件的基本行动纲领，明确中央、地方政府、社会组织、个人的职能和职责，不仅有利于最大限度地表达政府的合法性和权威性，还有利于增强公众参与的有序性和合法性。

三、应激与群体应激反应

（一）群体对个体的影响

群体应激与个体应激所关注的方向有所不同，个体应激往往关注于在应激源刺激后，个体的一些具体的心理和生理表现，其表现的形式复杂多样。群体应激是由经历应激刺激后的每一个个体的心理和生理表现所共同组成的，表现出群体中大多数人所共有的相类似的少数几个表现，但有可能因为群体的特殊性，呈现出群体极化效应和沉默中螺旋效应的特点。

群体中的个体会受到群体本身和外在的社会环境的影响，而这些影响很大程度上决定了个体的行为。群体生活是人类基本的生活方式，对个体来说，接受群体的影响是不可避免的事情。从心理学的角度来看，群体对个体的应激反应主要体现在以下方面。

1. 群体对个体影响的类型

群体对个体的影响类型可分为社会促进、社会懈怠和去个体化。

社会促进是指人们在有他人旁观的情况下的工作表现比自己单独进行时更好。扎荣茨（Zajonc）用简单在场理论（mere-presence theory）解释了社会促进这一现象。其基本观点是他人的出现会使人们生理水平被唤起增强，而这种生理唤醒会进一步强化人们的优势反应。在简单任务中，优势的反应往往是正确的，而在复杂任务中，正确的答案往往不是优势的反应，而是唤起增强错误的反应。因此，他人的出现对完成简单工作起促进作用，而对完成复杂任务起阻碍作用。例如在图书馆里安静浓厚的学习氛围，对个体来说，是一种学习的促进。

社会懈怠是指在团体中由于个体的表现没有被单独加以评价，

而是被看作一个总体时所引发的个体努力水平下降的现象。在工作任务界定不明确、个人工作成果不易观察、群体规模大时易产生。主要原因是责任分散。研究表明，这一现象有着文化的差异，在个人主义、自我中心价值观文化下的个体组成的群体中，更易发生；在集体主义的文化中，较少发生。一般来说，个体在群体活动中，付出的努力水平都会下降，而且群体规模越大，个体的努力水平越低。例如在项目团队中因为责任分散效应，团队成员不主动承担工作任务，工作态度得过且过，上班"摸鱼"现象成为常态。

去个体化是由社会心理学家费思廷格（Festinger）等人提出的。他们认为，在群体中，人们有时会感到自己被淹没在群体中，于是个人意识和理解评价感丧失，个体的自我认同被群体的行为与目标认同所取代，个体难以意识到自己的价值和行为、自制力变得极低，结果导致人们加入重复的、冲动的、情绪化的，有时甚至是破坏性的行动中去。例如在游行队伍中的人们，容易被游行队伍的气氛和口号所诱导，从而降低自己理性思考的能力。

2. 群体对个体的影响程度

重大公共安全事件中群体中的个体应激反应，按受群体影响从小到大的程度大致可以分为从众、顺从和服从。

从众是个体在真实的或想象的团体压力下改变行为或者信念的倾向，或者是对知觉到的团体压力一种屈服的倾向。通常会受到情境因素、个人因素和文化的影响。顺从是指在群体直接请求下按照群体要求去做的倾向。在做出顺从行为的时候，人们可能私下同意群体的请求，也可能私下不同意群体的请求，或者没有自己的主意。积极的情绪、顺从行为的互惠性和合理原因都会对顺从产生影响。服从是指在他人的直接命令之下做出某种行为的倾向，很多时候人们会服从地位高的他人或者权威的命令，如对群体中领导的命令和对群体行为规则的服从。

（二）群体应激反应

群体可能对重大公共安全事件的身心反应有三种：一是无反应；二是正常的应激反应；三是病理性应激反应，包括急性应激障碍、创伤后应激障碍、不完全的创伤后应激障碍等。灾后无反应或正常应激反应的个体，可能不久也会被诊为病理性应激反应，如延迟性创伤后应激障碍等。

1. 群体利他行为

在重大公共安全事件发生后，不同的公共社会群体会自发地对受灾地区群众进行救灾基金的捐款和救灾物资的捐助等行为，甚至会加入救灾服务一线的志愿者队伍。这些参与灾后救助的公众群体表现出了一种亲社会利他行为。

利他行为指的是自愿采取的帮助他人的行为，且预期不会得到任何形式的回报。利他行为的影响因素有以下几点：①观点采择能力。这是一种是否可以站在他人角度考虑问题，设身处地地考虑到他人需求去提供帮助的能力。②移情能力。移情是人们做出利他行为的动力，如果人们能对他人的经历与情绪有所体会，那么将会更容易做出利他行为。③年龄。年龄较小的儿童无论在社会经历的感悟还是角色理解能力方面都比较薄弱，这也是他们无法体会他人情感的一个原因，因此他们不易产生利他行为。④环境因素。利他行为不易发生在人群较多的地方，因为人越多责任就越分散。城市规模、学校环境以及天气等条件都对是否做出利他行为这一结果产生影响，那些城市面积小以及人口密度大的地区更容易产生利他行为。

2. 群体积极应对

群体的积极应对是群体面对同一应激事件时，拧成一股绳，齐心合力、互帮互助来应对。在该群体中的每个个体会受到群体凝聚力的鼓舞，更加积极地投入到群体间的合作中去。"一方有难，八方支援"就是群体积极应对的写照。

以政府群体和公众群体为例，可以把群体性积极应对分为三个阶段：①预防阶段。重大自然灾害或卫生事件发生前应该未雨绸缪，政府应该在日常工作中做好宣传，制定详细完备的预案，并经过演练实操，保证危机事件发生时，高效地采取措施积极应对。普通公众平时应多学习相关知识，学会自救方法。②应对阶段。政府按照已有预案贯彻执行，并根据实际情况临时调整。公众群体保证自救的情况下，投入到志愿群体中，力所能及地帮助弱势群体。③善后阶段。政府群体总结反思工作不到位之处，如预案制定的充分性、贯彻执行的高效性和灵活决策的合理性等问题。梳理问题形成对策，修改补充到预案和工作安排制度中。公众积极服从政府安排，不信谣不传谣，可以向政府提出自己的建议。

3. 群体癔症

群体癔症是指在某些精神比较紧张的因素作用下，多人相互影响而引起的一种心理或精神障碍（Wessely，1987）。该病的主要特点是人群之间产生相互影响。如在学校、企业、商场等公共场所，一些人目睹某人发病，由于对疾病不了解，也跟着产生恐惧、紧张心理，并出现相同症状。有研究认为癔症患者多具有易受暗示性、感情用事和高度自我中心等特点，常由于精神因素或不良暗示引起发病（Blackman et al.，2017）。

该病症的成因主要由以下几个因素：①刺激因素，在卫生防病方面可能是群体性注射疫苗、预防服药、食物中毒，也可能是某一群体内某人突然发病或突然死亡等恶性刺激。只有这些或轻或重的不良刺激作用于某一特定群体，才有可能诱发群体性癔症。②自身因素，癔症是一种神经官能症，多由于精神因素使大脑功能失调而发病。因此，该病多见于性格多变、感情脆弱、情绪不稳的女性及学生。在集体场合中，当一人患病后周围人目睹其发病情况，产生恐惧紧张心理；或者受到迷信或不科学解释的影响，更加重了精神负担。③环境因素，群体性癔症常发生于一个特定的环境和群体内，开始时一人发病，周围的人因观其症状而受其影响，进而通过暗示和自我暗示出现相似的症状。结果是同一人群相互感染，一人有某种症状，其他人很快也会出现类似症状。

心因引发的群体癔症

2009年5月15日，吉林化纤集团1000多名工人因接触不明气体出现不良反应，如头晕、呕吐、嘴和手脚发麻、嗓子发干等症状，严重的会突然倒地。从4月20日开始，就有人因气体中毒到医院接受治疗。经救治和专家分析，此次事件中的所有病人均来自同一工厂，而且对空气中所有有害物质的指标检测均未超过国家的安全标准，也排除了生产过程中有害物质泄漏到生产环境的可能性。因此，此次吉林化纤集团部分职工身体不适反应可以排除化学物质的毒性所致，主要与心因性因素有关，是这个因素引发了一次大规模的群体性癔症。

2010年4月23日上午8时许，甘肃省陇西一小学68名学生突然"集体中毒"，大多数学生出现不同程度的头晕、四肢无力、腹痛、视力不清等症状。在出现这种症状前，学生们闻到了一股浓烈的农药味。在当地治疗几天后，11名学生被带到兰州治疗。学校没有集体食堂，学生没有集体喝水，周边334家农户也没有发现违规使用农药情况。最后，甘肃省陇西县卫生系统专家组给出的调查结果是"群体心因性反应"，即群体癔症。

4. 群体迷信

群体迷信也可能会导致一定的精神障碍，有些发病原因由巫术或者迷信引起，有些是发病症状与巫术迷信有关。群体迷信通常以偶像崇拜的方式来表达，而这种偶像崇拜不仅仅指的是某个具体的人，也可能是某个事业或者某个信念。偶像崇拜者很少进行推理，对于观念只会全盘接受或者完全拒绝，容易产生一些狂热且极端的情绪，同情心很快就会变成崇拜，而一旦心生厌恶，也几乎立刻会变成仇恨。因此群体容易被少数人操纵，产生集体性的迷信行为（勒庞，2014；李江中 等，1982）。

典型群体癔症案例

1976年冬，在四川金堂又新公社2个生产队中，观察到因群体迷信活动而诱发急性精神障碍者9例，其中文盲5人，其余皆为小学文化程度。其中8人平素迷信鬼神。病前因该地区突然谣传"菩萨显圣"，将一灌溉池谣传为"神水"，取"神水"者络绎不绝。部分生产队多至80%—90%社员前往，或取"神水"，或看热闹，哄闹一时。因而发生上述9人突发精神障碍。在当地县委广泛宣传并制止迷信活动后，患者先后恢复正常，其中7例在1周或者1月内恢复，其余2例恢复时间长达8个月。

5. 群体反智主义

当个人身处于群体中，独立思考的能力会被严重削弱，此时的判断力和逻辑容易受暗示与传导作用引导，产生趋回行为。这样会导致暗示的方向立即成为判断的结果，又反过来进一步吞噬残存的智力品质，构成了群体智力降低的机制。群体的智力降低还表现为一种伪推理能力，把表面上相似的事物搅在一起，并立刻把具体的事物普遍化（勒庞，2014）。

6. 群体谎言

群体谎言是指由于群体中的个别人一开始对事情真相的判断有失偏颇，之后这种错误的判断影响到群体中的其他人，从而传播到更大范围的群体中，更多的人因为群体的压力对事实产生错误的认识，甚至颠倒黑白。群体谎言的形成会经历以下三个阶段：①谎言制造阶段；②谎言被肯定阶段；③全幅度的谎言扩散。在重大公共安全事件发生后，难免会因为个别网民对于部分信息的断章取义，或者别有用心的人的刻意制造，在网络公共平台上发布相关的不实言论，广泛传播后形成谣言。所有参与不实言论的传播者和制造者都成为群体谎言的一部分（勒庞，2014）。

四、群体应对应激的方式

1. 适度运动

良好的体质一方面是锻炼的结果，但同时拥有良好的身体会促进人们的自我效能感，从而能够感到更有能力应对应激事件。杰赛（Jessor）等认为，应对应激刺激的首要方法是加强营养、睡眠充足和经常锻炼（Jessor et al.，1998）。在对大学生群体的研究中发现，无论是急性有氧锻炼还是长期有氧锻炼，均能降低焦虑、抑郁的负面效应，且锻炼的时间越长，这种改善的效果就越显著，锻炼还可以使得群体的自我效能感和主观幸福感获得提高。一项针对老年人群体的研究表明，锻炼可以提高该群体的执行功能，并使得大脑中的灰质和白质的体积增多，有利于该群体产生适当的应激反应（季浏 等，2016；张力为 等，2018）。

2. 增加积极的情绪

可以通过增加积极的情绪和缓解压力，提高应对应激刺激的水平。在第一个层面上，增强积极情感，用乐观的心态面对应激是较好的情绪应对方法。增加积极的情绪有很多的途径，如做出微笑的表情、寻找积极的体验，与家人朋友在一起，从事喜欢的工作，追求并体验爱情，或通过阅读等寻求精神寄托。在第二个层面上，应激刺激的应对，积极了解应激刺激本身，获得对情景的控制。针对应激的应对方法包括拥有积极的信念，从事建设性行为，为达到长期目标而放弃短期快乐以及对将来抱有积极的希望等（Folkman et al.，2000）。

3. 倾诉

当应激事件发生时，不应把它埋藏在心底、闭口不谈，而应该敞开心扉、找人谈谈这些问题，这样有助于舒缓应激带来的压力。潘尼贝克（Pennebaker）等做了这样一项研究：请了一些大学生连续4天晚上花15分钟的时间将自己发生过的创伤事件写下来，控制组的学生则是花同样的时间写一件小事（Pennebaker et al.，1986）。结果发现：短期效果来看，写下这些创伤性事件会使人难过，产生更多的负面情绪，并且血压也升高了。但从长期的效果来看，这样做的好处是在接下来6个月中，这些人较少去健康咨询中心，并且也较少生病。

4. 寻求社会支持

社会支持是指人们在生活中所感受到的来自周围他人情感上的关心和支持，这种支持与人们所拥有的人际和社会关系有关，由社会支持所提供的应激资源有助于人们应对生活中的各种紧张的事件。

第三节　重大公共安全事件中的群体动力机制

一、群体动力相关理论

（一）群体动力论

群体的规范与压力对个体行为和观点有重要的制约作用。美国社会心理学者勒温（Lewin）在1936年提出群体动力论（group dynamics），认为"个体与群体的关系非常紧密，群体产生的动力可以制约和影响个人的行为"。群体动力论在后人的研究中，被进一步发展并细化，即群体极化效应和"沉默的螺旋"效应。

群体极化（group polarization）是指通过团体讨论使得成员的决策倾向更趋极端的现象。其中代表性的理论有社会比较理论和说服性辩论观。社会比较理论强调极化过程中规范性影响的作用，而说服性辩论的观点则把重点放在了信息性影响之上。

香蕉染"蕉癌"事件

2007年3月21日以来，香蕉的价格一度从平均每公斤2至3元骤然跌至每公斤0.8至1.4元。3月20日前，海南每天运销岛外的香蕉达7000吨至10000吨，到3月底，减少到3000多吨。原因则来源于广州某媒体发表了一篇题为《广州香蕉染"蕉癌"濒临灭绝》的文章，该文章报道了广州种植的香蕉感染巴拿马病的严重情况，并在后续报道中称这种"香蕉癌症"将给广州甚至全国的香蕉种植带来"灭顶之灾"。消息迅速传播，全国多个城市的香蕉经销商都不再前往海南购买香蕉。当地气温高达36摄氏度左右，香蕉"瓜熟蒂落"，蕉农们只得"忍痛割爱"。蕉农何明说："只要能卖出去，哪怕是1毛钱一斤，我也愿意，但现在几乎没人来买了。"但实际上，香蕉患"癌"也被称作镰刀菌枯萎病、黄叶病，由于最早在巴拿马大面积发生而得名。镰刀菌可通过土壤、水、工具等传播，传染性很强。但感染"巴拿马"病的香蕉根本不会挂果，所以市场上能看到的香蕉都没有染病（吴齐强 等，2007）。

沉默的螺旋（the spiral of silence）是指人们在表达自己想法和观点的时候，如果看到自己赞同的观点，并且受到广泛欢迎，就会积极参与进来，这类观点将被大胆地发表和扩散；而发觉某一观点无人或很少有人理会，即使自己赞同它，也会保持沉默。意见一方的沉默造成另一方意见的增势，如此循环往复，便形成一方的声音越来越强大，另一方越来越沉默下去的螺旋发展过程（刘芳秀，2018）。

出现网络舆情事件时，人们会不由自主地在第一时间对事件中表现的"弱者"或"受害者"施以同情，而忽略了对事件真实性的探究。事实上，我们看到的网络舆情事件未必都是现实情况的真实反映，关于事件的发展以及各方的态度、处理方式也未必是真实的，其中极有可能掺杂了网民的个人主观情感，甚至部分网民故意混淆是非，制造网络谣言以达到个人目的。自媒体时代，网络为大众提供了表达个人意愿、发表个人见解的便利通道，对于如此容易就掌握在手中的话语权，很多人便迫不及待地想通过网络彰显其"个人正义"。因此，当网民遇到网络舆情事件时，部分人总是会根据看到的表面现象从"正义者"的角度进行评判，而完全忽略了对事实真相的求证，这也是众多网民容易被利用的重要原因。网民打着正义的旗号为事件中的"弱者"伸张正义，有时却往往是一种"道德泡沫"，是一种被娱乐化的网络正义。网民的非理性行为不仅给当事人造成精神上的伤害，也给网络舆论环境带来一场场巨大的舆论风波（刘岩芳 等，2018）。

（二）个体在群体中的动力理论

个体都需要通过与他人建立关系才得以建构个人的认知以确立自我系统。每一个人似乎是不能独立于群体之外的个体，但是又要在群体之中保有自己的个体特质，以避免因跟随群体而导致个体认知偏移造成的内在失衡。因此可采用以下动力理论解释个体在群体间的行为表现。

1. 社会交换理论

社会交换理论认为，个体与群体之间不仅进行物质交换，还与群体进行心理上的交换。受群体规范的影响，个体通过暗示、模仿和感染等相互作用，会发生一种与群体接近、趋同的类化过程（赵海颖 等，2020）。例如参会者在会议中作为一员，容易受到会议主持者的暗示和感染，从而认同其观点。

2. 期望违背理论

期望违背理论（expectancy violations theory）对预测和解释社会交往现象起着重要的作用。该理论的核心概念是预期，"预期"指的是普遍意义上人们所期望的行为，它通常基于社会规范。期望违背理论认为人们在与他人相处中总是带着不同程度的期望，对特定的人际关系中发生的非语言行为会做出无意识的预测，当对方的行为背离了期望时，就会引起人们的注意，并且人们会试图通过解释对方的行为来应对这种消极唤醒（Burgoon， 1993）。如一位朋友总是准时赴约，但某天迟到了好一会儿，个体就会猜测可能是堵车或者临时有事才使他改变了自己的习惯。

3. 相互依赖理论

相互依赖理论（interdependence theory）认为，人际交往是相互作用、相互依赖的过程，个体与他人的关系不可分割地联系在一起，无法孤立地看待。该理论描述了相互依赖的过程，即一个人的情绪、认知或行为会影响伴侣的情绪、认知或行为，而这种影响又会反过来继续对双方产生作用（Rodriguez et al.， 2014）。如婚姻关系中，伴侣作为婚姻中的重要他人，其情绪和观点都会对另一半产生或多或少的影响。

4. 群体规范

群体规范是大多数个体一致认同并遵守的行为方式，各群体中的个体不但自己会遵循，而且预期其他个体也将遵循，偏离预期的行为将会遭受惩罚。群体规范对行为决策有约束、引导和激励作用，也会影响和改变经济制度的激励效果，其对个体经济行为的影响与私利需求显著不同，可能促进合作，也可能不利于合作，取决于群体规范所形成的具体行为预期（魏光兴 等，2017）。

二、群体动力强度的影响因素

（一）外部因素

1. 话题的性质

对于群体极化现象通常采用话题进行相关研究，而话题又可分为"知识型话题"（intellectual issue）和"判断型话题"（judgemental issue）两类。知识型话题被认为是可以找到正确答案的，而判断型话题——包含行为上、伦理上，或者艺术上的判断则不存在可以被证实的正确答案。玛哈（Maha）和芬兹（Vinze）的研究则表明，判断型话题所产生的群体极化程度要远远高于知识型话题。

2. 环境与媒介

群体间交互的环境可以简单地分为两种：一种是线下的以面对面为主的交流形式，另一种是线上的多种媒介共存的形式。线上环境又因为交互的媒介不同，而对群体极化产生不一样的影响。如腾讯会议等云会议软件采用的通过视频语音等能直接表达的方式，与微信群、QQ群间接通过文字表达的方式对群体极化产生的影响程度有很大的不同。有研究表明，线上的环境会更容易导致群体极化和沉默的螺旋效应的产生，群体的观点容易变得狭窄片面且趋于极端，广泛赞同而未必是真相的评论更容易出现在公众的视野中，如微博热搜和在微博或者微信公众号下方高赞评论等。

（二）内部因素

1. 群体构成

群体构成可以按照群体成员是否具有某一特质（对某一话题的态度和立场）分为内部同质性群体和内部异质性群体。内部同质性群体经过讨论后产生群体极化的可能性和程度都会比较高，而内部异质性群体所导致的群体极化的可能性和程度均较低。群体成员之间的这种同质性并非一定真正地存在，只要群体成员觉得自己与其他群体成员具有同质性，那群体极化产生的可能性就会比较高。因此，群体成员事实上的同质性或者他们所感知到的彼此间的同质性，都可能强化群体成员对所在群体的认同感，从而更在乎群体其他成员对自己的评价，更渴望群体其他成员对自己的肯定与接纳，所以他们在表达观点时更容易根据群体态度偏向来改变自己的观点，从而造成群体极化。

2. 领导的作用

领导是对团体行为与信念施加较大影响的人，他们引发活动，下达命令，决定奖惩，解决成员之间的纷争以及促使团体向着目标迈进。贝尔斯（Bales）把领导分为两种类型：一是任务型领导（task leadership），这种领导关心的是团体目标的达成，他们常常向下级提供指导；另一种叫社会情绪型的领导（social-emotional leadership），这种领导关心团体成员情绪与其人际关系，对成员来说，他们经常是友好地同情他人的，在处理矛盾时的协调能力很强，也会表现出更多的民主倾向（Bales，1970）。

3. 团体凝聚力

团体凝聚力（group cohesiveness）是指团体团结一致的力量，它往往通过团体对成员的吸引力和成员之间的吸引力来衡量，可分为任务凝聚力和社会凝聚力。任务凝聚力是指队员团结一致为实现某一特殊的和可识别的目标做出努力的程度；社会凝聚力指团体成员相互欣赏，并愿意成为队中一员的程度。

4. 团体思维

团体思维（group think）也叫小集团意识，是指在一个高凝聚力团体的内部，人们在决策和思考问题时由于过分追求团体的一致，而导致团体对问题的解决方案不能做出客观及实际的评价的一种思维模式，这种思维模式经常导致灾难性事件的发生。有研究者认为，团体思维产生的先决条件包含以下五个方面：①决策群体是高凝聚力的团体；②团体的领导是指导型的；③团体与外界的影响相隔离；④没有有效从正反两方面考虑的程序；⑤外界压力太大，很难找到一个比领导的选择更好的解决方式。

第五章　重大公共安全事件中的行为动机分析

动机是个人行为的动力，是引起人们活动的直接原因，社会行为同样是由社会性动机引起的。在重大公共安全事件中，受灾群体的社会心理性动机对人们的行为产生直接影响，并且不同的行为动机会对志愿者及网民集体行为造成不同的社会影响。

第一节　重大公共安全事件中的社会性、心理性动机分析

社会性动机是以人类的社会文化需要为基础的，人有权力的需要、社会交往的需要、成就的需要、认识的需要，因而相应地产生了兴趣或爱好，产生了成就动机、权力动机和交往动机等。这些动机推动着人们求知、获得社会和他人的赞许、与他人进行交往、参与某种社会团体并获得某种地位等。

一、社会性动机的定义

动机是引起、推动、维持与调节个体行为，使之趋向一定目标的心理过程。根据动机的起源，可将动机分为生理性动机和社会性动机。生理性动机是与人的生理需要相联系的，具有先天性，是由人的自然需要引起的动机，例如饮食、睡眠、性动机等。由人的社

会属性、社会需要引起的动机称为社会性动机，社会性动机是与人的社会性需要相联系的。《心理学词典》中对社会性动机的定义为"推动个体为满足自身社会性需要而从事某种活动的心理倾向。它是引起并维持个体社会行为的一种内在原因和动力。主要包括交往、亲和、成就等动机。这些动机仅与社会性需要直接相关，而与生理性需要相关不大"。

可见，社会性动机是以心理内驱力和心理性需要为动力源泉而形成的促使行为主体朝向一定目标的内在动力。即：心理内驱力和心理性需要是社会性动机的动力源泉，是后天习得的，如利他动机、侵犯动机、成就动机、亲和动机、权力动机等。

二、需要、行为与社会性动机的关系

需要是有机体感到缺乏某种东西而产生的一种不平衡状态，它既可以是生理的，又可以是心理的。当这种需要得到满足后，使不平衡状态会消失，但以后又会出现新的不平衡，产生新的需要。需要具有指向性，总是指向能满足需要的客体或事件，是个体产生积极性的源泉，是人活动的动力。

马斯洛需求层次理论是行为科学的理论之一，由美国科学家亚伯拉罕·马斯洛所提出。需求层次理论把需求由较低层至较高层分成生理需求、安全需求、社交需求、尊重需求和自我实现需求五类。

人类安全的需要处在第二需要层次，其重要性仅次于生理需要，是人类最基本的需要之一，是人类社会赖以发展的最基本的保障。安全的需要是人类要求保障自身安全、摆脱事业和丧失财产威胁、避免职业病的侵袭、接触严酷的监督等方面的需要，包括人身安全、健康保障、资源所有性、财产所有性、道德保障、工作职位保障、家庭安全等。马斯洛认为，整个有机体是一个追求安全的机制，人的感受器官、效应器官、智能和其他能量主要是寻求安全的工具，甚至可以把科学和人生观都看成是满足安全需要的一部分。

需要、动机、行为三者之间具有密切的关系。当人产生需要而未得到满足时，会产生一种紧张不安的心理状态，在遇到能够满足需要的目标时，这种紧张的心理状态就会转化为动机，推动人们去从事某种活动，去实现目标。目标得以实现就获得生理或心理的满足，紧张的心理状态就会消除，这时又会产生新的需要，引起新的动机，指向新的目标，这是一个循环往复、连续不断的过程。因此，需要是动机和行为的基础。只有当需要具有某种特定的目标时，才会产生动机，从而成为引起人们行为的直接原因。每个动机都可以引起行为，但是在多种动机下，只有起主导作用的动机才会引起人的行为。人的社会性动机是其社会行为的直接原因。社会性动机与社会行为的复杂关系有两个方面：一是同一社会行为可能源于不同的动机，二是相同的社会性动机可能会有不同的行为表现，行为和动机之间不是简单的一一对应关系。

三、重大公共安全事件中主要的社会性动机

1. 成就动机

成就动机是指驱动一个人在社会活动的特定领域内力求获得成功或取得成就的内部力量，是人们追求高目标，完成困难任务，竞争并超过他人的人格力量。在行为上，它表现为一个人对自己认为有价值的、重要的社会或生活目标的刻意追求。成就动机对每个人来说，都是至关重要的，它能激发个体潜能，使人勇敢地面对生活中的挑战，还能使人内心充满希望，朝着预定的目标不断前进，争取获得更大成功。具有成就需求的人，对工作的胜任感和成功有强烈的要求，同样也担心失败；他们乐意甚至热衷于接受挑战，往往为自己树立有一定难度而又不是高不可攀的目标；他们敢于冒险，又能以现实的态度对待冒险，绝不会抱着迷信和侥幸的心理对待，而是要通过认真地分析和估计；他们愿意承担所做工作的个人责任，期盼获得明确且及时的反馈。这类人通常热衷于投入长时间和

全部精力在工作中，并从中获得巨大的满足感，即使失败也不会过分沮丧。

2. 亲和动机

亲和动机，源于对在社会基础之上的与人交往的需要，这种内在动机驱动着我们寻求与他人的亲近与联系。其核心需求是个人要与他人保持一种温情、和谐、友好的联系，希望被他人接受和喜欢，希望脱离会产生人与人之间冲突、分离的情境。在马斯洛需求理论中，归属与爱的需要所产生的动机即为亲和动机。

关于亲和动机产生的原因，社会心理学有三种解释：本能理论认为亲和动机是一种本能，是自然选择的结果。在远古时代，独立的个体势单力薄，不足以对抗巨大而凶狠的动物，而结群可以互相警戒、互相支持，增强生存能力；条件作用理论认为结群是后天习得的，是在社会化过程中通过模仿、强化而形成的，例如在许多文化中，个体亲和和结群的行为会得到奖励，而不合群的人往往受到排斥；适度唤醒理论认为，每个人所需要的最适应刺激的程度都不相同，对个体来说，当外部刺激超过个体的最适应刺激量时，个体就会产生求静的动机，反之则产生想要他人陪伴的动机，即亲和动机。

高亲和动机人的特点表现为：喜欢交往并享受交往所带来的愉悦，渴望友谊，喜欢合作，回避人际冲突，对失去亲密关系感到恐惧。中国人的亲和动机常受到以和为贵、和谐观、集体利益、大同小异、人情味、民族凝聚力、为和谐而和谐、"人情"与"面子"等多方面驱动。

亲和行为可以满足个体的某些社会性需要，比如交往与尊重的需要、爱的需要。在孤单的环境中，个体获得的信息来源很少，会产生不适应和不安全的感觉，亲和使个体获得对其生存和发展有意义的信息。亲和可以减轻心理压力，与他人分享快乐，分担痛苦避免窘境，比如学生时代，大家都成群结队，只有某个同学独来独往，会得到孤僻、不合群、高傲等负面评价。这种情况下，亲和可使个体避免窘境。

在重大公共安全事件爆发后，当事人会出现从众或聚集行为，这些行为由亲和动机引起的。例如在重大自然灾害发生前后，民众会自发组织起来，为应对即将到来或已经发生的破坏性较大的自然灾害做好预防或控制，受灾人群还会经常一起相互鼓励，为应对灾情共同努力，帮扶走出困境，以此寻求行为上的互助及心理上的庇护。

3. 权力动机

权力动机，即对权力的欲望，它是个体控制并影响他人但不受他人控制的需要。权力动机的重要程度取决于它所处的社会环境。有研究发现，个体对社会事务表现出浓厚兴趣背后都存在较强的权力动机。权力动机分为个人化权力动机与社会化权力动机。个人化权力动机寻求权力的目的是满足个人的私欲或利益。重大公共安全事件发生时，有的人热心社会活动，但目的是利用这些活动来表现自己，树立个人威望或者满足某种私欲。同时，他们热衷于追求权力、地位，目的也是得到某种个人的利益。还有的人表现为追求物质财富，通过各种手段聚集财富。他们试图以优厚的物质财富来提高自己的社会地位，从而达到影响他人和控制社会的目的。该现象的核心驱动力是个人利益的最大化，这种权力动机有可能使权力者忽视道德、伦理和社会责任，从而导致一系列社会问题。在面对重大公共安全事件时，我们应该真正关心受灾群众的利益和安全，积极参与救援和援助工作，为社会的和谐稳定贡献自己的力量。同时，我们也需要加强对权力的监督和制约，确保它不会被滥用。

拥有社会化权力动机的个体，寻求权力的目的是服务他人。在行为上表现为关心社会，关心他人，以个人的知识、观念等方式影响他人。例如，有的人以自己的知识产品或精神产品去影响他人，影响社会，希望对社会做出有益的贡献，如那些敬业的教师、作家、新闻记者和文艺工作者等。还有的人是以自己的专业技能为社会服务、维持社会的安全、解除人们的痛苦等，如那些全心全意为人民服务的律师、武警战士、医生等。还有以服务为目的的群众团体的负责人，他们爱人民、爱社会，一心为大众的利益服务，有一种强烈的责任心、使命感，组织大家进行社会改革，推进社会进步。

第二节　重大公共安全事件中的志愿行为动机分析

党的二十大报告提出"完善志愿服务制度和工作体系。弘扬诚信文化，健全诚信建设长效机制。"这体现了党和国家对志愿行为的重视。志愿行为是指在一定的组织背景下，个人自愿对那些需要帮助者实施长期、无偿的助人行为（Snyder et al.，2008），具有自愿性、无偿性、公益性及组织性。它已经成为人们社会活动的主要表现形式之一，在促进社会发展的过程中起着非常重要的作用，这种行为具有崇高的社会意义，受世界各国高度重视和认可。当面对突发的重大公共安全事件时，政府能够立即投入的力量往往是有限的，而志愿组织能够有效地整合社会资源，充分发挥社会力量的能动性，是对紧急状态下政府应急救援队伍的及时补充。例如，在面对突如其来的灾害时，众多志愿者积极响应政府号召，主动请缨，不辞辛劳，奋战在灾情一线，全力配合做好宣传引导、信息收集、卡口值守、综合保障、物资募集等服务工作，为抗击灾情做出重要贡献，充分展示了志愿者的优秀品格和高尚情操，值得全体人民学习。再例如，在第十四届全运会期间，一支来源广泛、数量充足、结构合理、素质优良的志愿者队伍为第十四届全运会和残特奥会提供了优质、高效、专业的志愿服务，助力实现了办赛精彩、参赛出彩、发展添彩的目标。

志愿行为动机是激发个体产生志愿行为、朝着与志愿行为相关的目标活动，并维持这种活动的一种内在的心理活动或内部动力

（杨秀木 等，2015），它是引起个体产生志愿行为的推力。志愿行为动机不同的志愿者参与志愿活动的类型、对志愿工作的卷入度、持续时间等存在不同。为充分发挥社会力量在重大公共安全事件中的能动性，提高志愿服务事业质量，引导民众产生合理有效的志愿行为，对志愿行为动机进行系统分析十分必要。

一、影响志愿动机的因素

影响志愿动机的外在因素可归结于三方面：一是个体成长背景，指个人在成长过程中接触到的他人志愿行为，对个体志愿行为动机的影响是潜移默化的。影响志愿动机的个体成长背景主要包括家庭背景和社会背景。其中，家庭背景指父母等亲属对志愿行为的态度及从事志愿行为的经历。如果家庭成员对志愿行为具有较为积极的态度，那么在此环境下成长的个体会对志愿服务有较早的认识和较多的参与机会。在家庭成员潜移默化感染下，个人更加容易产生参加志愿服务的动机。社会背景指的是个体成长过程中对社会上一些志愿行为等的所见所闻，比如网络报道或电影、电视剧中塑造的志愿者形象。二是激励机制，是指参加志愿行为会得到的一些物质激励或精神激励。例如参加志愿者行为之后，评优评奖加分项、颁发相关证书等。激励机制虽然在初期可以调动部分志愿者的积极性，但不利于志愿行为的长期保持。三是人格特质，具有助人特质（如亲社会人格）的个体参与志愿行为的时间和数量更多（Finkelstein et al.，2005）。

二、志愿行为动机理论

1. 志愿行为动机的功能理论

功能主义理论有着悠久的发展历史以及重要地位，它强调个体对个人和社会目标的适应性和目的性的努力（Cantor，1994）。该理论的一个中心原则是人们同一行为的背后会有不同的心理功能。基于此，志愿行为功能分析的核心主张是，表面上看起来非常相似的志愿主义行为可能反映出明显不同的潜在动机过程，志愿服务的功能在志愿服务的动态过程中显现出来，并且志愿行为动机与志愿功能是匹配的。

克拉里（Clary）等的六维度功能动机说认为个体相同志愿行为可能源于不同的心理需求，主要包括学习理解功能动机（understanding function motivation）、增强自我功能动机（enhancement function motivation）、自我保护功能动机（protective function motivation）、价值观表达功能动机（values function motivation）、社会交往功能动机（social function motivation）以及职业生涯功能动机（career function motivation）（Claryet al.，1998）。其中：①学习理解动机功能指的是参与志愿活动旨在获得新知并锻炼技能，持有这种动机的志愿者希望通过志愿行为获得自我发展，通过志愿服务行为丰富生活。②增强自我功能动机旨在寻求体验自我价值感，增强自尊等心理成长与发展。③自我保护功能动机和自我防御机制有关，是指通过参与志愿工作缓解消极情绪，保护自我免受负面特征的影响。志愿服务具有帮助解决自己的问题、减轻孤独感和愧疚感的作用。④价值观表达功能动机旨在表达或实践人道主义、利他精神等个人价值观。关心他人等利他行为通常是志愿者和非志愿者的重要区别，以及预测志愿者是否完成了预期的服务的一项内容。⑤社会交往功能动机旨在强调志愿行为是为了加强与社会的联系。志愿活动通常会提供给个体和朋友在一起或被他人看好的机会，这些人乐于助人是由对社会奖惩的预期引导的。或者有的个体利用人们对志愿者的敬意，刻意营造一种积极向上、正能量的志愿者形象，以获取人脉或相关资源。⑥职业生涯功能动机旨在获得职业相关经验，换言之，志愿服务是为新职业做准备或保持职业相关技能的一种方式。

2. 志愿行为动机的驱力理论

志愿服务的驱力理论强调个体产生志愿行为的驱力差异。目前主要存在三种划分方式。

首先，按照是否受到组织和群体的压力分为主动型和被动型，主动型的驱力主要来自自我实现或报恩，而不是组织或群体压力（蔡宜旦 等，2001）。

其次，根据引起志愿动机的内在需求和外在诱因所占比进行划分，有理想型、回报型、学习型、交往型及盲目型（唐杰，2008）。其中，理想型动机拥有最高的内在需求和最低的外在诱因，主要是实现自我价值，如"帮助别人，我很快乐"；回报型动机拥有较高的内在需求及较低的外在诱因，一般与为社会、国家做贡献等紧密相关，如"国家需要，我就去做"；交往型动机的内在需求和外在诱因都处于中等水平，主要聚焦于跟他人的交往以及社会资本的积累，如"参加志愿活动可以扩大朋友圈，认识的人多有利于某方面的发展"；学习型动机拥有较低的内在需求及较高水平的外在诱因，主要着眼于自身某一方面的提高，如"参加志愿活动可以提高人际交往能力"；盲目型动机拥有最低水平的内在需求及最高水平的外在诱因，此动机的目的性不明确，如"看别人报名，所以参加"。

最后，根据驱力的来源分为内源性动机和外源性动机（景晓娟，2010）。这种志愿行为动机划分方式是建立在心理学的"社会交换理论"（强调利他可以获得的内外部回报）、社会学的"社会规范理论"（强调利他行为的外显互惠以及内化的社会责任规范）以及进化理论（利他行为有利于生物进化）的基础之上，这些理论皆强调了利他行为会让自己和接受者同样受益，并且可以让实施者受益，是实施利他行为的主要动机。从受益的来源可以分为内源性利他和外源性利他，前者是指利他行为是为了提高自身价值感，后者是指利他行为是为了获得一些回报，如奖赏或赞许。景晓娟以北京冬奥会志愿者为被试，结合以上理论基础，提出志愿行为动机分为内源性动机和外源性动机，并且两种动机类型是并行的（景晓娟，2010）。其中，内源性的志愿行为动机主要有实现型（实现自身价值）、兴趣型（享受志愿活动主题内容，如奥运会志愿者中有部分志愿者是因为热爱体育活动）及享受型（帮助别人使我快乐）三类，外源性主要包括成长型（学习一些新知识、获得一些技能等）、荣誉型（带来荣誉感）、责任型（国家的需要）、社交型（认识新朋友）、回报型（感恩回报）以及被动型（完成任务）。

3. 志愿行为动机的类型理论

邓国胜、辛华和翟雁通过整合志愿行为动机的功能理论及志愿服务的驱力理论，以参加志愿行为是利己还是利他为横轴，以实施志愿行为的驱动力是内在因素还是外在因素为纵轴建立了动机类型坐标，将志愿行为动机分为四类：①以利己为主要目标且驱力主要来自内部的志愿动机为内生利己型动机，如让自身获得更好发展、获得某项技能提升等。一般来讲，相对于中老年志愿者，青年志愿者中内生利己型更多一些，因为其具有更多地成长和发展需要。②以利己为主要目标且驱力主要来自外部的志愿动机为外生利己型动机，主要受政策、奖励以及动员等影响。换言之，参与志愿行为有时候并非自愿的，而是受大的环境压力或组织政策等影响。比如，有些组织会将在重大安全事件中的志愿行为和加薪、晋级等相联系，部分青年志愿者可能本身并不想参与志愿行为，但为了拥有更多的晋升机会也会选择去参加。③以利他为主要目标且驱力来自内部的志愿动机为内生利他型，主要受信仰、认知和从众心理等因素的影响。④以利他为主要目标且驱力来自外部的志愿动机为外生利他型。这种类型的志愿行为动机主要受外在环境的影响（家庭、朋友）（邓国胜 等，2015）。

这四种志愿行为动机与志愿服务满意度的关系存在差异。具体来讲，内生利己型的志愿动机越强，志愿服务满意度水平就越高。这可能是因为内生利己型动机可以将自己的需求跟助人活动联系起来，更能调动其在活动中的积极性。外生利己型志愿动机主要受外在诱因（如物质奖励、证书）的激励作用，不利于志愿行为的持续发展，当个体的外在目标实现时，志愿者参与志愿行为的热情和积极性会下降，所以通过奖项等激励措施是提高个体外在利己型志愿动机从而推动个体产生志愿行为的一项有效措施，但不利于志愿行为的持续发展。

4. 志愿行为动机的过程理论

以上几种理论都将志愿行为动机看作一个静态过程，也有研究者认为志愿行为动机是一个从模糊到分化的动态过程（罗婧，2019）。志愿动机的过程理论主要聚焦于志愿动机"模糊—明确"的分化过程，该理论认为志愿行为动机并非从一开始都是明确的、有鲜明意图的，而是模糊的，比如"好奇""玩玩""无聊"以及"我想体验一下"等。通过在参与志愿活动过程中不断接收着来自外界的信息以及自身不断地思考和判断，部分志愿者会逐渐形成明确的动机，明确动机有"利他"和"利己"两个维度，但也有部分志愿者形不成明确的动机。拥有明确动机的志愿者更容易投入到志愿活动中去，把志愿活动视为"事业"，且后者在某种条件下可以转换为前者。所以志愿行为动机理论的动机包括模糊的动机、明确的利他动机以及明确的利己动机三种。这里需要强调的是"模糊"动机并不代表没有动机。

此外，过程理论强调，志愿动机的分化和满足是一个连贯的过程，伴随着志愿活动的进行，志愿行为的动机得到一定的满足，满足程度越高志愿行为的意愿会变得越强。志愿者的背景、公共安全事件的性质以及人格特征等都会是影响志愿者动机的重要因素，拥有不同志愿行为动机的志愿者在参与志愿行为过程中的感受、经验以及对志愿活动认识和认同的差异性导致其志愿动机的满足不一样。那么志愿动机分化、满足过程中的机制是什么？

志愿行为动机的过程理论认为，动机在分化的过程中主要受信息效应、价值效应和模范效应的影响。信息效应指的是，当志愿者通过自身的努力或者志愿项目的组织环节获取更多关于志愿项目的信息时，能够对该志愿项目有更深入的认识，自身动机也会更明确。价值效应指的是志愿者所处的环境可以让其认为自己的志愿行为可以为社会产生具有实质性的价值，在这种效应的影响下，志愿者更容易产生明确的利他志愿行为动机。例如，有研究者认为，在公共支出较少的国家，社会福利（如志愿服务）主要依靠社会上的非营利部门，那么在这样的背景下，志愿者发挥的实质作用较大，在这种背景的累积影响下，志愿者更容易产生利他的志愿行为动机。模范效应是指志愿者所处的环境促使志愿者成为一种"模范"。在这种效应的影响下，个体更容易产生利己的志愿行为动机。这是因为志愿活动将志愿者塑造成为"模范"后，会释放一种信号，即志愿者具有较强的合作意识、领导力等，那么大众将会把参与志愿服务作为增强自己在竞争中竞争力的一种方式，某种意义上会促使通过带给志愿者本人更多的益处来激励他们持续地参与。所以在这样的环境累积影响下，志愿者倾向于产生利己的志愿行为动机。

信息效应、价值效应和模范效应不仅是动机分化的主要机制，同时也是动机满足的主要机制。其中，信息效应主要影响动机模糊的志愿者的动机满足，这是因为对于动机模糊的个体来讲，他们需要参与到志愿活动中来获取跟志愿活动相关的信息，了解的信息越多，其动机满足程度也就越高。价值效应主要满足具有明确的利他行为动机的志愿者动机，因为他们更加关注服务对象的获得，服务对象获得的越多，志愿者自身价值就越能得到一个好的体现，那么对于以利他为主要动机的志愿者而言，他们的动机满足程度也就越高。模范效应主要满足具有明确利己目标倾向的志愿者的动机。"模范"形象带来的利益即是他们动机满足的体现。

三、培养公民在重大公共安全事件中的志愿行为动机

1. 将志愿精神作为社会主义核心价值观的重要内容

志愿者在公共安全事件处置过程中扮有重要角色，对提升国家治理能力和治理水平起着重要的助推作用。例如，在对突发重大公

共卫生事件进行应急响应过程中，除政府机关和卫生机构等专业防控力量发挥主力军作用之外，志愿者队伍在疫情防控中发挥的重要作用也是有目共睹。当"抗疫集结号"吹响后，志愿者们闻令而动，以"一方有难，八方支援"的大局意识，彰显新时代公民的责任和担当。他们不惧风险、主动担责，把堡垒筑在"战疫"的最前沿，用责任与担当赢得广大群众的理解与支持，用实际行动践行"奉献、友爱、互助、进步"的志愿服务精神。因此，要将重大事件中志愿精神的传播和认同作为践行社会主义核心价值观的重要内容推进，当公民志愿行为由自身道德价值观推动时，志愿行为会持久且富有激情。如果不把志愿精神融入个体价值观中，在最初参与志愿行为时可能会热情高涨，而在参与过程中，当遭遇到志愿服务制度、志愿者管理和自身权益保障等问题时，志愿行为将难以持续，后期则可能出现满足动机后撤退的现象。

2. 建立激励机制，促使形成完善的组织体系

通过设置有针对性的志愿激励措施，引导更多人参与到志愿服务队伍之中，促进形成与经济社会发展相适应，布局合理、管理规范、服务完善、充满活力的志愿服务组织体系：首先，要对志愿者进行注册登记，建立志愿人员档案，增强其身份意识，时刻提醒志愿者其身上背负的社会责任；其次，规范志愿服务行为，建立反馈渠道；然后，危机处理完成之后，要对相关人员的工作绩效做出评估，并依据评估结果予以相应的奖励和报酬（包括精神的和物质的报酬）以强化他们的自觉行为；最后，牢牢抓住重大公共安全事件志愿者中的劳模群体，充分发挥道德先锋的引领示范作用。

营造志愿服务氛围，培育公民志愿服务精神。政府和社会需大力弘扬具有新时代特色的志愿精神，促使民众形成在重大安全公共事件中参与志愿行为的积极态度。利用新媒体速度快、见效快、效率高，网民数量不断增加，宣传成本低以及服务对象范围广等特点，大力普及和传播与志愿行为相关的知识，尤其是加强对重大公共安全事件相关的志愿行为知识的普及，促使更多的人对志愿行为有一个正确的认知。在"知"的基础上，通过设置有关优秀志愿者的采访专栏等来促使公众认可志愿者在志愿服务中的奉献精神，让公众对志愿行为拥有积极情感。同时，要注重有关志愿服务法律法规的完善。志愿服务活动对于激发社会参与、创新社会治理和推动社会进步具有重要意义，完善的志愿服务法律法规对有效地推动志愿服务事业不断取得新发展、开创新局面具有重要意义，对于志愿服务组织和个人来说，提供了更多实实在在的保障。

志愿服务是现代社会文明进步的重要标志，是加强精神文明建设、培育和践行社会主义核心价值观的重要内容。因此，要充分了解重大公共安全事件中志愿行为动机，进一步促进组织功能有效发挥，使志愿行为成为推进人们相互关爱、传递文明的重要方式，成为提升社会服务水平、改善民生福祉的有力助手，成为增进社会信任、维护社会稳定、促进社会和谐的有生力量。

第三节　重大公共安全事件中的网民群体动机分析

中国互联网信息中心发布的报告显示，截至2023年6月，我国网民人数达10.79亿，相对于2022年12月增长1109万人，互联网普及率达76.4%，已成为世界上拥有最大网民群体的国家。相对于现实社交环境，网络平台具有开放性高、信息传播速度快、影响面大、信息形式多样化等特点。随着智能手机的普及，手机网民比例越来越高。相对于传统计算机网民，手机网民的在线时长、信息获取速度、传播速度、信息影响面等都有大幅的提升。因此网络舆情传播，尤其是手机网络舆情传播，已经成为现代舆情传播的主要渠道。

重大公共安全事件在网络上的传播是一种典型的网络舆情传播现象。相对于普通的舆情传播，它扩散速度更快，影响面更广，产生的社会反响更加强烈。重大公共安全事件在网络上的传播遵循网络舆情传播的规律，一般包含舆情的孕育、扩散、转变和衰退四个阶段（何旭，2020）。网民群体并非一个固定的群体。在重大公共安全事件网络传播过程中，参与该事件的网民群体也因事件阶段的不同而有所区别。随着事件的发展，不同阶段网民的心态也相应发生着改变，因此，网民群体参与重大公共安全事件，推动事件发展的动机在各个阶段均有所不同。

一、网络舆情孕育期网民群体的动机

重大公共安全事件发生初期，往往是以重大突发事件的形式出现。此阶段能够接触到事件的网民群体数量相对较少，仅限于突发事件发生相关人员以及周边人员，他们将突发事件资讯转发到网络社交平台时所获得的信息往往不够全面，导致个体对突发事件的认识存在较强的片面性。重大公共安全事件在网络传播的初期，因网民群体对该事件认知不足，其表现形式、网民传播动机等与普通的网络舆情事件并无明显差别。有学者认为，突发事件相关人员将突发事件的资讯以文字、图片、短视频等形式转发到网络社交平台上的动机主要有娱乐消遣、自我实现、环境监测、人际交往等（胡珑瑛 等，2015）。

1. 娱乐消遣动机

娱乐消遣动机是网民在社交平台上转发资讯最常见的动机。在常见的网络社交平台，如微博、微信等转发发生在自己身边的新闻资讯可以让自己在紧张的社会压力下获得一定的情绪释放空间，以舒缓压力，发泄不满。网民在充分认识公共突发事件之前往往会以转发自己获得的部分资讯，在社交平台上互换资讯信息等方式满足自己娱乐消遣的动机。

2. 自我实现动机

自我实现动机是指网民在网络社交平台上转发资讯时，期望获得网络社交圈的认可与认同，并且产生共鸣。网民群体在重大公共安全事件发生初期，踊跃地将相关资讯不断上传、转发到社交平台，在自身价值观评价的基础上呼吁网友关注事件发展，积极推动资讯传播和事件发展，是一种在自我实现需求上的动机。自我实现动机有别于上述娱乐消遣类的动机，其获取事件资讯、上传和评价资讯内容的积极性更高，也更容易获得网络社交圈的认可和转发，其影响一般要大于娱乐消遣动机类的资讯。

3.环境监测动机

环境监测动机指的是网民将与自身专业相关的资讯动态随时转发、上传到网络平台的动机。重大公共安全事件发生时，事件最初影响范围内的相关专业人员倾向于随时对事件进行监测和专业化的评论，在社交网络平台上充当"专家"角色，是一种实现专业化自我的需求动机。因此环境监测动机的网民数量相对于普通网民少，但其对资讯的评论更能够获得网络社交圈的认同，对事件的推动作用更加明显。

4.人际交往动机

人际交往动机也是网络社交上发布、转发资讯最常见的动机之一。部分网民将身边的资讯及时上传发布到网络平台的目的是与好友分享新的资讯，在网络平台上与好友共同评论资讯，互换看法和意见，以实现网上虚拟人际交往的目的。人际交往动机有别于以上几类动机，其转发资讯、推动事件进展的焦点并不在事件本身，而是在于网民的人际交往需求。此类网民转发何种资讯，对该资讯进行何种评价，以何种态度转发资讯往往与资讯内容本身并无太大关系。因此人际交往动机的网民不依赖事件本身，其网民群体数量最大。

二、网络舆情扩散期网民群体的动机

重大公共安全事件发生初期接触原始事件的网民群体较少，事件在网络上传播、孕育、蓄势需要一定的时间，这段时间内的传播更多属于点对点的传播，其事件在网络上传播速度相对较慢，影响力有限。孕育期蓄势之后事件会进入网络舆情扩散期。鉴于虚拟网络环境本身具有开放性高、信息传播速度快、信息传播渠道复杂等特点，重大公共安全事件在网络上进入扩散期之后资讯的传递以指数倍递增，信息爆炸式传递，影响面极广。

就当事人（如果有）的动机而言，重大公共安全事件在网络扩散可能存在借机维权、话语表达、实现利益和名誉形象塑造的动机；就网络媒体而言，可能存在扩大媒体知名度、伸张正义、设置议程、引导舆论等动机；就政府相关部门而言，可能存在彰显合法性、提高认同度、保持稳定性、提高有效性、凸显公正性等动机；就普通网民而言，可能存在利益、道德、权利、娱乐、形象塑造等动机。扩散期的普通网民大致分为网络舆论领袖、相关行业专家、利益相关网民和普通看客网民四个角色性群体。

1. 网络舆论领袖

网络舆论领袖热衷于搜集与事件相关的信息碎片，不断将其重组、完善，并将事件相关信息不断上传，发布到网络社交平台上（姜胜洪，2010）。网络舆论领袖通过对信息进行加工、包装、转换概念等方式，对事件进行评论、赞赏、批判、呼吁等，以获得更多网民的关注和认同。网络舆论领袖通过以上方式推动网络舆论发展，其动机在于塑造自身形象，在网络平台虚拟世界获取关注和认同，有的甚至通过粉丝的"打赏"获取经济利益。值得注意的是，网络舆论领袖更多关注的是自身的精神需求、利益需求是否得到满足，而对于事件本身的事实真相关注度并不高。

2. 相关行业专家

相关行业专家在重大公共安全事件的网络传播中所处的位置与网络舆论领袖略有不同。相关行业专家是指与该重大公共安全事件所属专业密切相关的权威人士，这类群体往往具有一定的学术背景和话语权威性，在现实社交圈中也有一定的公信力，其在网络上的言论对网民群体舆论具有一定的导向作用。相关行业专家大多爱惜名声，不轻易参与网络舆论事件的讨论。部分参与讨论的相关领域专家其动机往往受一定的经济利益或者其他客观原因驱动。

3. 利益相关网民

利益相关网民是指重大公共安全事件在网络平台上扩散时，其具体事件所涉及的一类人或几类人。利益相关网民往往是网络舆论事件扩散期最活跃的群体。

4. 普通看客网民

普通看客网民在重大公共安全事件的网络扩散中并没有明确的导向性和固定的角色扮演，也没有明确的利益纠葛，但其数量是最大的。普通看客网民对相关资讯的转发、评论往往是基于自身的正义感、同情心等。网民群体参与事件的动机受到自身信息感、心理状态的影响，同时受到个体间情感和认知的影响（屈慧君，2020）。大多数普通看客网民对所获得的资讯在事件扩散阶段仍然是片面、不完善的，不同的看客网民对事件的评价往往因为所获得资讯内容不同、完整度不同以及价值观有偏差，导致评论意见分歧较大。

以上几类网民群体在重大公共安全事件的网络扩散期推动事件发展时，往往具有一定的群体情绪。网民的群体情绪是指一个特定的网民群体具备相同或接近的社会认同、自我分类、情绪评价等，从而在事件扩散过程中表现出类似的情绪。群体情绪虽然不是网民推动网络舆论事件发展的动机，但对网络舆论事件的发展和扩散具有明显的促进作用。网络群体情绪的产生往往以群体相同或相似的群体动机为背景。群体动机引发群体情绪，不同群体情绪的网民群体在参与网络舆情事件讨论过程中往往会出现观点上的冲突，并不断推动事件资讯的扩散，不断增加事件的影响力。

三、网络舆情转变期网民群体的动机

重大公共安全事件在网络上传播扩散到一定程度之后往往会发生转变。网络舆论事件发生转变的原因可能有事件本身发生变化，政府行为或相应政策发生变化，网民的注意力发生转移或媒体议程设置的变化（方付建，2011）。由此可见，网络舆论事件发生转变时，大部分网民群体往往是被动接受变化，而不是主动引导变化，因此网民群体的动机主要是被动应变的动机，而不是主动变化的动机。

1. 网络舆论领袖

重大公共安全事件在网络上的传播因事件本身发生变化后，相当于给事件的网络舆情扩散追加了一剂强心针，这种变化大多数情况下都不会使事件热度消退，反而会加速其扩散的速度，扩大网络舆情的影响面。在重大公共安全事件的转变期，关注事件发展的网民群体数量庞大，新的舆情因素加入事件中后容易引起各类网民群体展开激烈讨论，将事件逐步推向新的热度。在此期间，借助新出现的舆情因素，舆论领袖仍然会热衷于收集新的事件信息，将之加工、包装后积极转发。其基本动机是获取更多的关注和认同，也有部分舆论领袖借此机会通过网络平台渠道获取经济利益。

政府为应对群众呼吁、维护自身形象和履行相应的治理责任，其行为或相应政策可能随着网络舆情的发展而发生变化。政府的行为或政策本身在网络舆情传播中具有较强的敏感度，极易引起网民群体对政府行为或政策的评论，从而对网络舆情的变化产生极大的刺激。政府参与网络舆情发展后，部分网络舆论领袖群体、网络媒体等会利用政府发布的消息进行炒作，甚至通过攻击政府行为和政策的方式引起网络的关注（祁凯 等，2020）。

2. 相关行业专家

相关行业专家在此阶段依然活跃。在新的舆论因素出现，事件发生转变之后，这些专家或维护原有观点，或修改原有观点，或彻底推翻原有观点之后提出新的解释，但大部分趋向于谨慎发表言论，以避免可能再次出现的新的舆论因素对自身言论的影响，或避免因舆论风向变化而让自己受到舆论攻击。就其动机而言，大部分情况是受经济利益驱动、自身名誉维护、舆论导向、责任感等多重因素的交叉作用。

相关行业专家在政府参与舆论发展后会更加谨慎地发表言论或者转向沉默，意图淡出网民视线以确保自身的舆论安全。

3. 利益相关网民

利益相关网民群体数量相对于爆发式增长的其他网民群体而言，其群体数量比例快速降低，对事件的影响力不断变弱。但在此阶段利益相关网民群体仍关注自身利益情况，根据事件的转变不断地重新评估舆情发展对自身利益的影响，并积极做出应对。其动机是维护自身利益，但当事件的发展超过该群体的影响力，或者影响事件发展所需的成本不足以覆盖其利益时，利益相关群体倾向于放任不管。

利益相关网民可能在政府参与后转向理性，不在网络平台上发布更多的信息，也可能转向疯狂，极力为自己的利益呐喊以吸引网络关注。

4. 普通看客网民

普通看客网民继续保持自己的正义感和同情心。普通看客网民被动接受事件的发展和转变，可能在网络平台上发布一些基于自身价值观判断的评论，对于转变期新加入的舆论因素看法不一，在没有主动动机的情况下评论各不相同，因此对舆论的转变、舆论的推动并不起决定性作用。

四、网络舆情衰退期网民群体的动机

重大公共安全事件的网络舆情发展遵从普通舆情发展的规律，在经历了孕育、发展、转变期之后，如没有新的刺激因素介入使其进入一个新的发展或转变阶段，网络舆情就会逐渐进入衰退期。在舆情衰退期，网民参与网上讨论的热情逐渐减退，并朝着理性化方向发展，如遇其他新的事件发生，网民趋于自动转向新的目标。

　　重大公共安全事件的网络舆情进入衰退期后，该事件不再出现新的舆情或信息点，已有舆情内容逐渐被删除，舆情事件的现实影响力逐渐弱化。在此阶段，网络上新的相关资讯发布逐渐消失，事件本身和网络舆情各方参与者停止更新舆情内容，原有的一些舆情内容开始被删除，并逐渐淡出大众的视线。在现实层面上，重大公共安全事件的发生、发展、转变阶段完成，暴露在网络上的事件各方面内容较为完善，整个事件的逻辑形成闭环，事件各方面问题得到一定程度的妥善处理，事件现实影响力逐渐弱化，各方网民群体对舆情事件的评论趋于一致，各方面利益相关群体相互妥协达成一致，最终舆情事件结束。

　　重大公共安全事件的网络舆情衰退期，因事件发展的特点，舆论领袖可能无法继续收集到新的舆论信息，其获取关注的动机不能继续得到满足，从而放弃对该事件的追寻，转而寻找其他新闻或事件。也可能舆论领袖群体已经在事件发展过程中获得足够的关注，其行为目的得到满足，动机消失，从而停止搜寻、发布新的舆情内容。由此可见，在舆情衰退期舆论领袖的动机不论是否得到满足，事件都会最终结束，舆论领袖的自我满足动机并不影响舆情的最终发展。

　　相关行业专家群体在此阶段趋于沉默。到舆情衰退期，相关行业专家的经济利益已经到手，不存在其他主动驱使其继续参与的动机，因而趋于沉默。利益相关群体的利益得到满足或妥协，更进一步行为的动机消失。普通看客网民注意力转移到新的目标上，对原有网络舆情的关注度降低，不具备更多行为的动机。

　　综上所述，重大公共安全事件的网络舆情传播过程中，伴随着网络舆情的孕育、发展、转变和衰退四个规律化的时期，不同网民群体表现出不同的参与动机。网络舆论领袖群体热衷于搜集、加工、发布舆情信息，其动机是一种自我实现心理。相关行业专家群体谨慎参与舆情发展，从中获取自身利益或价值认同。利益相关群体在舆情发展和转变阶段起到的作用最大，该群体积极参与网络舆情发展，甚至不惜投入时间、金钱，以促使舆情往有利于自身利益方向发展来避免因舆情带来的损失，扩大因舆情带来的利益。其他不相关看客群体在舆情各个阶段中因意见不一，基本属于被动引导，除增加舆情热度和人气之外所起到的作用有限，受到好奇心、正义感、同情心等自身基本情绪情感的驱使参与网络舆情的发展。

第六章　重大公共安全事件中公众行为"时—空"差异引导策略

面对突如其来的地震、海啸、暴力恐怖事件、传染性疾病、事故灾难等重大公共安全事件，社会公众受个体应激和群体因素的叠加影响，极易触发各式各样的行为。这些自发行为往往具有非理性特征，如果不及时进行科学有效的干预引导，极易造成严重后果，从而引发更大的社会危机，甚至造成社会整体失控。因此，在前几章深入分析社会公众的个体和群体行为机制的基础上，本章以时间和空间为变量，进一步考察公众行为的"时—空"差异特征，并为社会管理者提供有针对性的行为引导策略，最大限度避免公众非理性行为对社会运行造成负面影响，迅速恢复正常社会秩序，更有效地集中人力物力等资源应对重大公共安全事件带来的严峻挑战，确保事态能够及时得到缓和、控制和消解。

第一节　重大公共安全事件中公众行为"时间"差异特点及引导策略

危机生命周期理论提出，公共危机事件随着时间的推移可以分为危机酝酿期、危机爆发期、危机延续期、危机消退期等四个演化阶段（Fink，1989）。该理论虽然起源于企业管理，但回顾历史上人类社会所经历的诸多重大公共安全事件，可以发现无论自然灾害、事故灾难、公共卫生事件还是社会安全事件等，其发展变化均随着时间推移呈现出明显的阶段性特征。与危机事件发展阶段相对应，身处事件影响当中的社会公众行为也随着时间的推移呈现出不同特征。借助危机生命周期理论提供的分析框架，按照危机事件的发展进程将公共安全事件细分为酝酿期、爆发期、延续期、消退期四个阶段，并从以往世界各国重大公共安全事件相关新闻报道、回忆录、政府文件等文献资料中梳理出社会公众在面对重大公共安全事件时的行为阶段性特征。

一、酝酿期的公众行为表现及特征

此处酝酿期是指造成重大公共安全事件的各类因素逐渐积累逼近阈值，或异常现象零星出现，尚未集中爆发的阶段。在该阶段，只有少量直接接触的个体可以感知到异常和危险，大多数人群则毫无知觉。在直接接触个体当中，其典型行为表现主要有正反两个方面。

（一）积极正面的行为

1. 执行公务的人员向职能部门发出预警行为

这种行为一般出现在从事相关职业的人员当中，如各类灾害监测人员、政府工作人员。由于受到长期的职业训练，这类人员较普通人对异常现象有着更高的敏感度，在异常现象出现时，能够较为理性地评估事态的严重程度，并按照预定程序向上级汇报或向政府部门等权威机构发出预警。例如2020年5月3日凌晨，山西省临县临泉镇胜利坪村凤峪沟南山发生一起地质灾害。临泉镇槐树塔村党支部委员刘林兆同志于4月28日发现险情迹象，持续监测，发现险情有加重的趋势后，及时预警、即时上报，为组织群众避让赢得了宝贵的时间，发挥了地质灾害预警"吹哨人"的关键性作用，避免了重大人员伤亡和财产损失。此外，如果当地政府对于公众安全比较重视，经常性开展相关宣传教育，普通人在偶然情况下感知到异常现象时也会做出向地方政府报告的预警行为。例如1975年辽宁省海城地震发生数年前，中国地震局就根据辽宁地区地质活动异常情况，做出中短期地震预报，提出渤海北部地区一两年内会发生5至6级地震。由于震前当地政府开展了广泛的防灾减灾宣传教育，使广大干部群众掌握了应急防震知识，在震前数月内向当地政府大量报告了动物行为异常、地下水异常、地光和地声等现象，从而促使地方政府采取正确的应对措施，有效减少了灾害导致的损失（马宗晋 等，2008）。从以上事例可以看出，由于导致重大公共安全事件的相关因素往往较为隐蔽，一般只有受过专业训练的从业人员或具有相关知识背景的人员才能够有效察觉。因此个体告警行为的发生与其职业身份和是否受过相关知识教育训练高度相关。同时个体在面对重大公共安全事件前兆时，其产生的行为反应与其长期受到的社会、文化、道德以及管理体制的影响密切相关。正是由于高度的社会责任感、职业荣誉感和政府、社会对生命安全的高度重视，以及社会文化对帮助他人行为的鼓励，部分社会公众才能够在察觉危险时不顾个人安危及时向他人发出告警，主动扮演"吹哨人"的角色。

2. 公众向职能部门告警行为

在重大公共安全事件酝酿阶段，公共安全管理职能部门迫于人力、财力等条件限制，常常导致无法对已经发生的预兆现象及时做出反应。但公众个体在偶然情况下目睹预兆发生时，出于社会责任感会主动向公共安全管理部门发出告警。他们能够通过偶然途径获取相关信息或感知到危险，但由于不是职业人员，不了解正常的预警流程和渠道，又对事态发展产生强烈关切，往往选择第一时间拨打110报警电话报警。例如2020年3月29日，T179次列车在湖南境内郴州段突遇泥石流导致的塌方而脱轨翻车。根据媒体报道，事发前塌方点已经被当地村民李海平发现。他通过打电话报警，并向列车挥衣服示意试图阻止列车，但因报警信息多次转接未能及时传递给列车驾驶员，最终仍未阻止事故的发生。此外，随着近年来新媒体的兴起，还有一些公众由于对预警渠道不了解，在发现异常情况后选择在网络社交媒体上发布预警信息。但这类行为容易引发信息传播源头难以查证的问题，需要谨慎对待。在我国，一些公共安全管理部门已经认识到互联网在发布和获取安全预警信息方面的便捷作用，积极推广信息化报警方式，如各类安全主管或执行部门针对突发紧急情况，除了通过110、119、120、122等急救电话外，为便于现场目击者、受害人能及时报警，还推出了短信、微信、微博报警等具有互动性、及时性、安全性的新媒体途径，有效提高了预警信息发布与获取的及时性、准确性。

（二）消极负面的行为

1.故意忽视或掩盖行为

故意忽视或掩盖行为多数发生在由于人为原因造成的事故灾难中。当事人为了保护个人利益或声誉，极力掩盖事实或淡化事件危害，往往导致错过最佳处理时间，造成更为严重的后果。例如1986年4月26日，乌克兰普里皮亚季邻近的切尔诺贝利核电厂的第四号反应堆操作机组进行了一次安全试验，由于该试验具有向"五一劳动节"献礼的性质，操作人员尽管已经意识到试验步骤违反了相关管理规定，但事后调查认为，其某些操作显然是基于某种管理上的压力才进行的（胡遵素，1994）。由于管理人员对事故前兆的故意忽视，促使操作人员的违规操作，加之反应堆设计上存在缺陷，最终导致了震惊世界的切尔诺贝利核电站反应堆爆炸事故。这次灾难所释放出的辐射剂量是二战时期广岛原子弹爆炸的400倍以上，包括我国在内的众多国家受到辐射微尘的影响。因事故而直接或间接死亡的人数难以估算，且事故后的长期影响到目前为止仍未完全消除。切尔诺贝利核电站爆炸事故中当事管理层对危险信号的忽视显然受到急功近利的社会风气影响，也反映出当时苏联整个工业系统中安全文化知识的普遍缺乏。在我国，生产领域的安全事故被瞒报的情况也屡见不鲜。为了遏制这种现象，《中华人民共和国安全生产法》专门要求企业负责人、行业管理部门、地方政府对安全生产事故不得隐瞒不报、谎报或者迟报，不得故意破坏事故现场、毁灭有关证据，并对此类行为做出了明确的处罚规定。

2. 无意识忽视行为

当个体心智发育不全或对相关知识缺乏了解时，尽管直接目击异常现象或公共安全事件先兆，也往往会产生无意识忽视行为从而导致事态恶化。例如暑假期间我国各地时常有未成年儿童结伴戏水，当同伴做出危险举动或出现抽筋等反应时，在场的其他儿童往往难以预见即将发生的危险，没有及时呼救或向成年人报告，导致错过救援最佳时间酿成悲剧。最近几十年我国发生的放射性材料泄漏事故当中，也有多起事故是由于普通民众缺乏放射性污染知识，将放射性材料当作普通金属、"宝石"等带回家收藏或买卖，从而导致人员伤亡。例如1992年11月19日，山西省忻州市建筑工人张有昌在忻州环境监测站建筑工地上将一枚遗落的"钴-60"放射源当作普通的金属带回家中，其家中亲属持续遭受高剂量核辐射，最终酿成3人死亡、3人严重受伤的重大事故。

二、爆发期的公众行为表现及特征

爆发期是指导致重大公共安全事件的各类因素逐渐积累突破阈值，由量变转为质变，进入无法控制的状态，形成不可逆转的灾难性后果。在爆发期，各种易造成人员伤亡、财产损失的情况集中爆发，使得区域内的社会公众直接面对生命财产安全威胁，大量目睹各种惨烈的灾难景象，集体陷入巨大恐慌之中。此阶段社会公众行为表现出典型的应激性特征，同时在宏观上呈现一种复杂多样，且整体处于较为混乱失序的状态。

1. 茫然无措

在经历重大公共安全事件时，在场的部分幸存者会因受到巨大的心理刺激，很快出现极度悲哀、痛哭流涕、呼吸急促，甚至短暂的意识丧失，进入一种"茫然无措"的状态，以茫然、注意狭窄、意识清晰度下降、定向困难、不能理会外界的刺激等表现为特点。随后，幸存者可以出现变化多端、形式丰富的症状，包括对周围环境的茫然、激越、愤怒、恐惧性焦虑、抑郁、绝望，以及自主神经系统亢奋症状，如心动过速、震颤、出汗、面色潮红等，甚至引起精神病性障碍。这种异常的行为表现，在心理学上称为急性应激障碍（ASD）。有研究指出，急性应激障碍在严重交通事故后的发生率为 13%—14%，暴力伤害后的发生率大约为 19%，集体性大屠杀后的幸存者中发生率为 33%，在严重灾害事件（如地震、海啸、空难、大型火灾等）的幸存者中发生率可高达 50%（邓明昱，2009）。2008 年 5 月 12 日汶川大地震发生后，有学者对 891 名幸存者进行了问卷调查，结果显示 ASD 的发生率为 12.59%，其中男性为 9.52%、女性为 15.16%，女性发生率显著高于男性。

2. 迅速逃离

当个体接触到异常现象并感知到危险时，常常会迅速自发产生一种"战斗或逃跑"反应（fight-or-flight response），该行为反应由心理学家怀特·坎农提出，已经得到广泛的研究证实。在重大公共安全事件发生时，部分个体在察觉到危险后迅速引起交感—肾上腺髓质系统兴奋，机体变得紧张而敏感，从而损害了个体的目标导向性行为以及自我控制能力，自发性选择逃离现场。例如汶川大地震发生时，正在课堂讲课的范美忠先于学生逃生，并于 5 月 22 日在天涯上发帖《那一刻地动山摇——"5·12"汶川地震亲历记》一文，细致地描述自己在地震时所做的一切以及过后的心路历程，称"在这种生死抉择的瞬间，只有为了女儿才可能考虑牺牲自我"。由此，范美忠被网友讥讽为"范跑跑"，并引发了激烈争论。从心理学角度分析，事件的主人公范美忠可能由于对地震知识比较了解，在地震发生时能够较他人提早感知到危险，导致交感神经迅速兴奋，自发进入了应激反应状态，从而无暇顾及周围人以及自己身为教师的职业责任，进而快速逃离。这种"战斗或逃跑"反应在那些能够迅速导致重大伤亡的自然灾害和暴力恐怖事件中是比较常见的。需要注意的是，应激性逃离反应虽然可以让个体暂时避免受到眼前的伤害，但在面对复杂状况时，这种由交感神经直接控制的本能行为往往会让个体因无法清醒判断形势而陷入更大的危险。特别是在高层火灾或地震当中，当事人没有采取正确的逃生方式，第一反应跳窗逃跑而导致伤亡事故的例子屡见不鲜。

3. 理性自救

在重大公共安全事件爆发期，尽管有部分人员因急性应激障碍出现意识清晰度下降、丧失行为能力等症状，但仍有一些人可以比较理智地判断环境状况，借助以往习得的安全知识或生活经验，通过自身努力摆脱危险，保全生命。例如在2001年9月11日发生在美国的恐袭事件中，一位在世贸中心南大楼上班的华人雷先生因一条"君子不立危墙之下"的中国格言而保全了自己的生命。当天，雷先生听到对面的北大楼爆炸，火光扑面迎来，冲击波随即摧毁了南大楼的玻璃窗，他以为遭火箭炮袭击。在其他同事仍议论纷纷之际，雷先生的第一反应就是逃生，他立刻跑向后楼梯，意在最短的时间里离开大楼。其间，他感到奇怪，整个大楼竟没有响起警铃或任何广播，甚至保安人员也没有惊觉灾难已经来临，还叫大家不用跑得太快。当他从91楼逃到65楼时，已上气不接下气。此时，第二架被劫的客机突然向该大楼顶部拦腰撞入，令整座大楼发生巨响和震动。与此同时，雷先生意识到死神逐渐逼近，他不顾一切拼命随着人潮往外跑，跑了45分钟，终于到达大楼最底层。正当其他人以为已经逃出一劫，在大楼外休息、看热闹的时候，雷先生心中一个闪念："君子不立危墙之下"！于是继续奔跑，不久，他身后的两座大厦便陆续开始倒塌，不少已跑出来的人又被压在下面。

4. 救助他人

尽管面对突如其来的危险，个体会受到对死亡的恐惧情绪支配，出于关注自身利益的本能倾向诱发自私自利的行为，但也会有人不顾个人安危，积极救助他人。例如2007年12月5日，山西省洪洞县左木乡红光村瑞之源煤业公司新窑煤矿发生特重瓦斯爆炸事故。事故发生后，其他没有在井下作业的几十名工人不顾危险自发组成救援队主动下井救援。但令人遗憾的是，由于自发救助人员缺乏必要的工具和专业能力，这些人大部分不幸遇难。在各种意外溺水事故当中，被溺水者呼救吸引而来的人们在没有准确判断水下环境的情况下，不顾安危下水救援，结果却导致溺水者和救援人共同身亡的悲剧也屡见不鲜。这种在危险面前散发人性光辉的利他行为，既有生理的原因也有社会文化的影响。在生理方面，有学者就从社会进化和神经内分泌（应激下更多催产素、雌激素、类阿片等的分泌）的角度，提出女性在应激下的"互助友好"（tend and befriend）反应。还有众多研究发现，男性同样也会产生类似的反应；在社会文化影响方面，由于个体在以往生活中内化习得了很多直觉性的自动化反应，当人们遇到意外的社会情境时，这种自动化反应会先起作用，代替反省的、思虑的认知加工，这种反应往往是亲社会性的利他行为（甄珍 等，2017）。

5. 搜寻与交换信息

重大公共安全事件不但会引发不可估量的人员伤亡与财物损失，而且会冲击既有的社会秩序。公众原本所习惯的社会秩序发生断裂，处在失序、混乱和谣言包围的不确定性环境中，价值观、规范及法律的约束力大为减弱。因此，无论是政府还是公众都游走于常态规范和紧急例外之间，于是便有了搜寻、整理并诠释信息的集体行动。尝试通过信息搜集与交换来了解事态发生的各个层面，包括事件原因、后果及寻求新的行动依据等，这种行为同时具有稳定公众情绪的功能。例如"5·12"汶川大地震发生后，周边地区虽然没有受到严重损失，但均出现时间长短不一的手机无法打通现象，特别在四川地区尤为严重，其部分原因是信号基站受到地震波破坏，更主要的是短时间大量用户使用手机联系亲人、搜集信息而导致网络拥堵、通信系统过载。随着公众搜寻与交换信息的活动增加，部分冲突性的信息得以澄清，有些说法不断地被重复提出，有些则受到质疑，而一些强势的观点则在公众的社会互动中逐渐形成，而成为当前事件情境的主要诠释。

三、延续期的公众行为表现及特征

重大公共安全事件的延续期是指事件在爆发后其所造成的灾害影响并未停止，或者逐渐扩散蔓延到更大的地域范围。这一时期，社会公众虽然仍处于危险之中，但随着时间的推移已从短暂应激状态逐渐恢复到理性状态，同时通过对各方面信息的收集和判断大致了解了自身所处的情境。此时尽管人群已经恢复理性，但恐慌情绪仍然存在，甚至因自身对所处情境的了解而陷入更加焦虑的精神状态，从而对其行为产生系列影响。此阶段社会公众行为表现为盲目从众、心理警觉性提高、易受环境诱导、集体依赖感增强等。当身边的人们都在做同样的事情时，个体尽管可能有所疑虑，但很快就会在群体行为的压力下改变自己的观点，进而加入并助长这种集体行为，一旦开始形成规模，便无法抑制，最终造成破坏性影响。

1. 传播流言行为

重大公共安全事件的延续期，往往也是各种流言的爆发期。在经历了突发事件的打击后，大部分公众往往处于惊魂未定的焦虑状态，注意力集中到负面信息上，很容易形成注意的陷入偏向和脱离困难，从而对周遭环境和信息变得极为敏感和警觉，进入"风声鹤唳，草木皆兵"的状态。各种流言随着事件破坏性影响的蔓延而扩散，甚至比事件本身的破坏扩散得更快。这些流言往往是真实与错误相互交织，在少量真实信息中掺杂大量虚构内容、未经证实的猜测，或者对结果的严重夸张，使人难分真假，从而造成更严重的恐慌。例如2011年3月日本福岛核电站爆炸事故后，我国民间广为流传吃碘盐可以防辐射相关信息，导致公众大量抢购碘盐。而事实上虽然服用碘的确会帮助人们降低核辐射对身体细胞的破坏，但碘盐当中的碘含量很低，远远达不到预防辐射所需的剂量。造成流言传播行为的原因，就制造者而言，一是受到自身知识水平的限制，无法对获得的真实信息和观察到的现象做出正确解释；二是在急性应激状态下认知能力受到干扰和限制，对现实环境进行了错误估计；三是通过制造耸人听闻的流言博得其他人的关注或者借机发泄不满制造混乱。就传播者而言，一方面受到从众心理的影响而丧失独立判断；另一方面，可以用负性注意偏向来解释，即人类倾向于把更多的认知资源用于思考坏事而不是思考好事，这种倾向也出现在人们对各种消息内容的偏好上。由于人们对于负面信息内容的反应强于正面信息内容，因此抱着"宁可信其有，不可信其无"的心态相信并助长流言的传播。

2. 金融挤兑行为

这种行为一般发生于导致政治动荡的暴力恐怖事件之后。由于事件导致当地政府组织控制力的效能下降，社会整体处于一种恐慌失序状态。特别是随着种种耸人听闻的流言不断传播，社会公众的恐慌心理进一步放大。即使在尚未被破坏性事件直接波及的周边地区，出于对政治经济局势和未来生存状态评估的不确定性，部分个体也会开始将自己的财产兑换为可以即时交易的现金或其他等价物。当这些个体行为形成一定规模受到广泛注意时，更多的人群将加入其中，如滚雪球一般不断积累扩大，发生严重的挤兑行为，导致金融机构不堪重负，给当地经济造成巨大冲击，并引发连锁反应。例如2016年7月15日土耳其军方发动军事政变，尽管政变未遂，但第二天土耳其货币里拉出现大规模下跌，当地民众开始疯狂去银行取钱，甚至导致自动取款机前排起了长队。这种非理性挤兑行为一般被形容为"羊群效应"，指个体趋向于忽略自身有价值的私有信息，盲目跟从大多数人的决策方式。其背后反映的是一种从众心理，个人受到外界人群行为的影响，而在自己的知觉、判断、认识上表现出符合公众舆论或多数人认知的行为方式。

3. 群体抢购行为

在重大公共安全事件的延续期，紧张、焦虑和不安的情绪会使公众对危机事件产生过度反应，同时受各种流言传播的影响，以及对自身面临风险的感知，出现对食品和相关商品的过度购买行为。例如2008年"三鹿毒奶粉"事件发生后，人们对国产奶粉的信任危机不断蔓延，大陆进口奶粉被抢购一空，甚至大量群众纷纷涌入港澳台地区抢购奶粉。2003年"非典"和2020年新冠疫情期间，全国各地都发生大量群众抢购囤积口罩、消毒液、酒精、板蓝根、双黄连口服液等物品现象。导致诸多过度反应的直接原因是来自人们对危机事件可能造成的影响的心理预期，而心理预期又直接受到外在信息的影响，大量负面信息的传播使得人们增强了对未来负面的心理预期，激发了抢购囤积物资的行为，同时从众心理进一步强化了这种行为的盲目性，导致购买的数量远远大于自身的合理需求，一方面造成资源的浪费，另一方面也对正常市场供应形成冲击，抬高物价，使得真正需要的人无法及时获取这些物资。

4. 劫掠物资行为

这些行为的变化可以归因于环境的诱导。当灾害影响持续发展，当地公众日常生活物资难以得到有效保障，且公共安全机构出现瘫痪，难以维护正常社会秩序时，受灾地区可能会出现抢夺物资的劫掠行为。勒温的群体动力学认为，行为是环境与个体的函数，即人的行为是随着环境的变化而变化的。重大公共安全事件中人们的各种行为表现适切地验证了这一理论。由于事件发生发展过程中，原有社会秩序遭到冲击，人们的生活环境发生了巨大变化，以往对公众行为产生约束力的社会组织、公共管理机构解体或者控制力下降，一些正常状态下被认为是不恰当甚至违法的行为难以得到及时惩罚，因此劫掠行为不断滋生。例如2005年8月，卡特里娜飓风对美国路易斯安那州新奥尔良地区造成了严重的破坏。随后媒体大量报道了在灾区发生的各种劫掠行为，部分灾民结队进入无人看管的超市和私人住宅哄抢财物。同时，在一些社会性公共安全事件发生后，社会陷入骚乱，也会出现暴徒劫掠物资的情况。例如2020年5月，美国休斯敦黑人乔治·弗洛伊德遭到警察暴力虐待致死引发了全美国广泛的抗议示威游行，动乱中很多城市商铺被众人劫掠一空。研究发现，这种劫掠物资的行为与事件发生地原本的社会治安状况和贫富差距有很强的相关性，即原本治安状况较好、贫富差距不那么严重的地区，在灾难中发生劫掠行为的可能性就低；而发生劫掠行为较多的地方往往是社会治安状况很差的地区，加上贫富差距严重，富人们可以在事件发生后迅速逃离，而缺乏逃生手段的贫民、流浪汉等在生活物资匮乏的状况下，面对无人看守的商店和住宅，很可能产生劫掠动机。但尽管如此，劫掠行为发生的概率仍然是比较低的，甚至低于事件发生前的平均水平（Frailing，2007）。另外，大规模劫掠行为的发生也可以用"破窗理论"来解释。即环境中的不良现象如果被放任不管，一旦有人开了头而未受到惩处，就会对其他人产生示范性的纵容，诱使人们仿效，甚至变本加厉。

5. 自发形成非正式组织行为

由于重大突发公共安全事件会对受灾地区社会秩序造成一定程度的破坏，原先人们习以为常的生活节奏、生活方式、人际交往网络、个人所扮演的社会角色被打乱，物资短缺，安全保障缺失，顺利存下去成了每个人的首要目标。而且人在灾难面前产生的脆弱、无力感使得受灾人群自发地组织起来，形成以邻居、亲友为纽带的非正式组织，依靠集体的力量保护个人安全。生存环境的恶化诱导公众联合起来，在正式组织难以发挥作用时用自发形成的非正式组织来替代其功能，依靠集体力量应对各种威胁。这种非正式组织一般包括两种类型：一是受事件破坏作用直接影响的幸存者组成的自救组织，二是未受到破坏作用直接影响的邻近地区人群组成的志愿救助组织。例如，在2020年1月武汉市发生新型冠状病毒感染的疫情之后，一些小区因发现感染者而实行封闭管理。居民面临生活物资短缺等困难纷纷发起求助，但社区委员会工作人员因忙于繁重的疫情防控任务而无暇顾及，小区物业公司也因人手不够而无法满足居民需求。在这种情况下，小区居民自发形成了各种各样的团购群，群内居民根据自己的能力特长进行分工，有的负责统计，有的负责联系货源，有的负责取货，有的负责分配，借助集体的力量度过危机。而在其他一些没有被封闭的小区，很多居民顶着瘟疫蔓延的压力，自发组建各种志愿组织，用私家车免费接送医护人员上下班，或者想方设法地拉来紧缺物资，送到一线医院、社区。此外，在一些重大自然灾害当中，灾区周围民众往往会迅速汇集起来形成自发性组织，自行前往灾区提供救助服务。但值得注意的是，如果缺乏充分的管理、协调，外来的非正式志愿服务组织大量涌入，反而会对灾区救助工作造成干扰，产生道路拥堵、挤占资源、冲突加剧等负面影响。此外，这些自发的有组织行为令个体集体归属感显著增强。集体归属感是一种有效对抗死亡焦虑的心理防御状态。当个体有关死亡的想法被唤醒时，与他人亲近的需要就会变得非常重要，甚至会和自己价值观、世界观不同的人亲近，这反映了个体在死亡唤醒时，与获得价值观一致认同相比，获得归属感是一种更为有效的心理防御手段。灾难与危机事件经常会导致社会成员共襄义举，相互提供社会支持，增强集体主义倾向。因此，在大灾难发生后，一部分人由于死亡焦虑的影响降低了自尊，为了提高自尊，他们会积极地将自己归属于自己的内群体（单位、学校、社团、地区等），以缓解焦虑（翁智刚 等，2011）。

四、消退期的公众行为表现及特征

在消退期，事件的爆发因素得到人为控制或自然衰减，事件的破坏性、危险性逐渐降低甚至消失。这一时期社会公众已经能够明显感到事态在好转，恐慌和焦虑的情绪得到缓解，开始对事件进行回顾反省，思考如何恢复正常生活并为未来做打算。此阶段社会公众的典型行为主要表现为四个方面。

1. 咎责行动

面对事件导致的生命、财产损失，社会公众往往会产生一种归因倾向，将自己受到的伤害归咎于他人或社会系统，寻找对事件负责的组织，并通过谴责加害人来平衡其受伤害的情绪，这就是重大公共安全事件中普遍存在的"咎责行动"。公众常将灾害的不幸归咎为社会所施加的不公平，"人祸"是造成重大灾害的根本原因，认为"天灾固然可怕，人祸更是罪魁祸首"，因此要求"人祸"体系的代表即公共管理机构负起责任（周利敏，2011）。例如2009年7月25日国道213线汶川段彻底关大桥被巨石砸毁，100米的桥面坍塌，造成6人不幸遇难。事故发生后，塌桥事件遇难者家属将事故原因归咎于地方公路管理部门，状告汶川公路交通部门失职，并向当地政府索赔。从法理上来看，桥面倒塌的确是自然因素所致，受害人谴责和起诉行为并无道理。但从心理角度来看，受害人这种行为是为了平衡其所受的巨大精神伤害而自然产生的行为。这种行为不仅在重大公共安全事件中出现，日常生活中也会有所反映，如近年来时常出现的"医闹"、患者家属伤害医生等事件，尽管有部分是由不良利益动机引发，但患者亲属在遭受巨大精神伤害后的归因方式也是主要原因。

2. 秩序重建

在消退期，由于事件危害性逐渐降低，社会组织结构开始恢复，公共管理机构开始重新运行。人们对自身角色的认知从"幸存者""灾民"转回到事件发生前所扮演的社会角色上来，集体凝聚力空前增强，开始积极承担社会职责，努力帮助社会重新恢复正常秩序。与此同时，通过对事件发生原因和应对过程的回顾反思，产生对原有秩序进行完善的愿望，并通过社会舆论反映出来，最终推动社会治理水平的提高和文明的进步。例如，1911年3月25日，美国纽约三角衬衫工厂大火事件造成146名女工身亡。社会公众对这一惨烈事件的反思直接推动了美国劳工法的修订，迫使资方改善工人工作条件，提高工厂的安全性，同时也推动了城市规划功能分区、劳工组织合法化等一批进步法规的建立。而日本水俣病事件，则拉开了民众推动环境治理的序幕。在我国，1910年的东北肺鼠疫大流行，直接促成了我国现代公共卫生防疫制度的建立；1998年特大洪水过后，人们对毁林垦荒、乱砍滥伐、过度放牧所造成的水土流失、围湖造田等行为的危害性有了更加真切的感受，保护环境，加强防灾减灾建设的重要性被更多的人广泛认可；2003年的"非典"，使人们认识到医疗领域实行条块分割管理的危害性，认识到政治问责的必要性；2008年汶川地震发生后，我国以最快的速度修订了《防震减灾法》，推动灾害防治法律体系的进一步完善（罗国亮，2010）。正如恩格斯所说："没有哪一次极大的历史灾难不是以历史的进步为补偿。"

3. 悼念活动

在消退期，经历了巨大精神创伤的人们往往自发开展悼念活动，通过庄重的哀悼仪式，缅怀失去的亲人、朋友，接受失去亲人的现实，降低悲伤情绪体验，尽快从客体丧失导致的创伤中恢复过来。而没有失去亲友的人们，也会在共情的作用下自发参与，帮助其释放情绪压力，抑或表达对死难者的同情和尊敬。例如，2010年11月15日，上海静安区一退休教师公寓大楼失火，59人殒命，70多人受伤，火灾过后，在媒体上目睹火灾惨状的百万市民自发上街哀悼。汶川大地震发生后，我国政府也开始认识到有组织的悼念活动对恢复群众心理创伤、凝聚人心的重要作用，于是将2008年5月19日定为全国哀悼日。这场世界历史上最大规模的集体哀悼活动感动全球，让全世界人民感受到中国人民的坚强与善良。

4. 报复性消费

在消退期，重大公共安全事件的经历者由于遭受精神刺激和创伤，会有一种劫后余生的感觉，在经历了一段时间消费行为的抑制后，当收入恢复（生活如常后），往往会进行报复性消费，并降低储蓄意愿，享乐主义消费观念盛行。例如，2008年四川消费品零售市场5月受地震灾难影响出现急速下挫，经历了4个月的恢复期，在8月基本达到震前水平，10月创出了22.3%的年内新高。

五、公众行为"时间"差异引导策略

在公共安全事件的酝酿、爆发、延续和消退等各个发展阶段，社会公众的行为在时间轴线上呈现出差异化特征。因此，为了避免事件对公众造成更大的影响，引发社会动荡，公共管理机构应该结合事件发展的阶段性规律，采取差异化的策略对社会公众行为加以引导，为日后的恢复重建工作奠定良好的基础。

1. 酝酿期公众行为引导策略

在该阶段，由于绝大多数人群难以感知异常和危险情况的来临，因此针对社会公众的行为引导应以预防性为主，广泛开展安全知识与技能教育，构建多元化风险预警信息共享网络，使社会公众能够尽早感知危险并做出正确的行为反应。

安全知识与技能教育是防止公众在面对危机时出现错误行为反应，提高公众应对突发安全事件能力的重要手段。对于普通公众的安全教育可以通过广播电视、网络等大众传媒，将安全知识转化为易于接受和记忆的语言或视觉符号，利用"曝光效应""名人效应"等，反复高频地将这些安全知识传递给社会公众，不断加深人们的印象，让安全正确的行为成为下意识的反应。对于从事可能涉及公共安全的特定行业工作的人员，应根据其行业特点，定期开展针对性、系统化的安全教育，同时借助奖励、惩罚等行为矫正措施不断塑造和强化其行为，最大限度减少因不安全操作行为引发公共安全事件的可能，同时在发现异常情况时能及时进行预警报告。对于青少年而言，应充分借助学校教育途径，将安全知识与技能作为学校教育的重要内容。在我国，教育部先后印发了《中小学公共安全教育指导纲要》《大中小学国家安全教育指导纲要》等文件，对加强青少年安全教育提出了明确要求，但仍存在缺乏统一教材、课时标准不一等问题，有必要统一制定课程标准，进一步细化课程领域、教师能力和教学活动等，推动校园安全教育普及深化。

在公共安全事件酝酿阶段，社会公共管理机构难以及时掌握分散在各个领域的风险信息。当民间流传与公共安全相关的信息时，政府应当及时开展调查核实，出于稳定的需要抑制民间信息的正常传播，虽然可以消除公众恐慌情绪，也会使一些重要的公共安全信息被遮蔽，从而丧失公共安全风险早期识别的宝贵机会。因此，建设公共安全风险预警信息共享网络十分必要。在政府应急管理部门主导下，让掌握公共安全风险信息的政府部门、企事业单位、社会团体、科研机构以及公众个人等通过专门的信息化平台或渠道传播、交流、共享公共安全风险信息，让各种信息相互印证，相互修正，经过质疑、澄清、甄别、聚合等一系列过程，较早识别和发布公共安全风险，抓住稍纵即逝的最佳防控风险的时机。

2. 爆发期公众行为引导策略

在公共安全事件的爆发期，社会公众在应激状态下行为复杂多样，且整体较为混乱失序。这一阶段的公众行为引导应以缓解应激反应，尽快恢复公众的理性行为并采取正确的危机应对措施为主要目标。

一方面，应依托社区（单位）建立基本公众组织，通过集体成员之间的相互安抚、鼓励和信息交换，让个体尽可能迅速从应激状态摆脱出来，重整意识恢复理性。在公众组织的建立过程中，可以尽量依托原有社会组织架构，例如党团组织、社区委员会、村委会等，迅速将分散的个体凝聚起来，防止个体因情绪失控做出不利于自身安全的错误行为。为了确保危机状态下公众组织能够迅速建立并发挥功能，地方政府和应急管理部门应将恢复基层组织运转纳入各类公共安全事件应急预案，明确相关程序和责任。另一方面，在爆发期社会公众普遍处在失序、混乱和谣言包围的不确定性环境中，会自发产生信息搜寻和诠释行为。此时如果任由公众依据碎片化的信息进行个人阐释，极易引发谣言产生。而政府参与危机管理的时间越早，信息公开程度越透明，官方权威信息传播速度越快，就越能够及时遏制谣言等的传播以及稳定公众的情绪。因此，政府作为权威机构应及时发布全面、真实可靠的信息，促使公众及时了解事件真相和应对措施，让个体得到社会支持并调整心理状态，更加理性地面对危机。

3. 延续期公众行为引导策略

由于延续期公众行为主要表现为心理警觉性提高、易受环境诱导、盲目从众、集体依赖感增强等。这一时期的社会公众行为引导应以缓解心理压力、恢复公共秩序为主，防止公众因心理紧张而受到虚假信息影响，从而诱导发生群体非理性行为。

首先，在爆发期过后，无论是直接经历危机的社会公众，还是参与救援的人员都极易因强烈的心理刺激产生急性应激障碍、适应障碍、抑郁障碍、焦虑障碍等心理疾病。因此政府应组织专业心理治疗团队开展心理状况普查，为存在心理问题的公众提供及时有效的早期心理干预和治疗，帮助他们重塑心理结构，促进灾后适应和康复。其次，要在及时发布官方权威信息的同时加强舆情监控和引导，防止别有用心者制造或传播谣言，引发恐慌情绪。再者，要在条件允许的情况下恢复社会公共管理和服务体系，尽量提供必要的社会治理、供水、供电、通信、医疗、交通、购物等公共服务；各级政府和各类企事业单位应努力恢复正常运转，让公众回归原有的社会角色和社会归属，增强其心理安全感。再次，要统筹物资供应及分配，快速完成应急物资筹措，开辟"专用通道"，保障应急物资的配送。同时依托政府基层机构和社会组织等多方力量，确保应急物资公平、迅速分发给受灾人群。最后，要加强公共秩序和安全维护保障力量，严厉打击哄抢、囤积倒卖应急物资以及偷窃、抢劫等犯罪行为。

此外，由于志愿文化的盛行，在公共安全事件影响区域内很可能汇聚大量志愿者团体，地方政府应加强对这些非正式组织的管理和引导，将其纳入政府统一的救援调度当中，这样既能充分发挥志愿者的力量，也能够防止因沟通不畅引发冲突或资源浪费。

4. 消退期公众行为引导策略

当公共安全事件处于消退期，社会公众由于积累的负面情绪需要宣泄，一般会产生咎责、悼念、报复消费等行为，同时也会自发寻求原有秩序或规则的变革与重建。这一阶段的公众行为引导策略应以帮助公众在合法可控的范围内充分释放负面情绪，引导公众理性反思并参与推动变革。

一是深入调查了解事件发生的原因，并及时向社会公布，通过对事件相关责任人的依法公开惩罚来平衡社会公众受伤害的情绪。二是组织官方纪念活动，将公众自发行为变为政府引导的有组织行为。一方面，通过庄严肃穆的悼念仪式帮助公众恢复心理创伤，凝聚人心；另一方面，能够防范别有用心之人利用公众负面情绪煽动对立，引发群体事件，破坏社会稳定。三是通过官方渠道主动邀请公众对事件中暴露出的社会治理相关问题和漏洞进行反思讨论，广泛征求社会公众对于推动改革的意见建议，将公众因负面情绪产生的消极破坏性行为转化为积极的建设性行为。四是对事件亲历者持续进行心理创伤治疗，防止因"创伤后应激障碍"出现严重抑郁并发生自杀等恶性负面行为，避免再次引发公众的焦虑情绪。五是广泛开展生命教育，使公众尤其是青少年深刻认识生命的意义和价值，体会生命的无常，正确看待生存与死亡，避免在经历危机事件后逃避生活或放纵欲望，从而更加尊重生命，热爱生活，关爱他人。

第二节　重大公共安全事件中公众行为的"空间"差异特征及引导策略

地理学把空间特征定义为"地理现象的最基本特征"。有关人类行为空间研究是行为地理学的重要研究内容，对于重大公共安全事件发生后公众行为的空间特征研究可以采用地理学方法进行论证。突发性重大公共安全事件表现为发生的时间、地点、强度无法预知，并且前期征兆不明显，事件的发生对公众来说往往是爆发式的冲击，事件爆发使公众日常行为空间发生巨大变化。以2020年发生的新冠疫情为例，地理学研究方法在应对重大突发灾害时发挥出其独有的学科价值，以时空间地理学（时间地理学、行为主义地理学、移动性地理学等）为理论基础，以时空间行为风险评估、居民时空间行为规划与引导、心理情绪引导与智慧社区治理为重点应用方向，地理信息技术的应用，建立事件动态监测系统和辅助解决系统，使空间特征分析成为可能。

据河南大学黄河文明与可持续发展研究中心相关学者关于新冠疫情在河南的时空扩散特征研究表明，2020年初河南省新冠疫情经历了发生、迅速发展和趋于稳定的发展过程之后，病例总量和扩散比的"S"形曲线已经呈现；病例总量、输入性扩散性病例均呈现显著的空间集聚特征，高集聚区主要分布于信阳大部分区县，南阳、驻马店、郑州部分区县，遵循与湖北省地理邻近和网络邻近的特征；扩散比较高的区县为分散分布，且大多为家庭式集聚性扩散；在人口流动的影响下，信阳市主城区及周边县，安阳、郑州、许昌、平顶山等市主城区，人口流入和流出所引致的相对风险较高。

依据重大突发性公共事件发生后的实际情况、发展态势、公众行为空间的特点等，精准划分影响区域（公共事件爆发后，按照影响空间和地理学第一定律可以将影响空间划分为核心区、扩散区、边缘区和隔绝区）。如新冠疫情防控中按照不同风险等级划分为高、中、低风险区；而 2005 年卡特里娜飓风灾害、2008 年四川汶川大地震及 2016 年加拿大麦克默里堡火灾台风灾害等，则可按照灾区的受灾程度，不同区域的损失状况以及地理邻近性划分为灾害核心区、灾害扩散区、灾害边缘区、灾害隔绝区。另外，不同区域的公众行为特征也呈现出不同的状态，体现了公众行为的差异性，如台风灾害发生后沿海地区居民的行为特征和内陆地区居民的行为特征呈现出明显的差异。因此，公共安全事件发生后，要正确引导不同空间区域的公众行为，以最快、损失最小的科学调控方式，有序恢复社会生产生活，同时也需要防范二次灾害的冲击，适当缓解焦虑，避免因过度紧张而对社会民生造成负面冲击，还要特别关注那些原本经济韧性较为脆弱的地区和群体。

一、重大公共安全事件的影响空间类型划分

地理学中的空间自相关分析、时间聚集性分析和冷热点分析等方法已经相对成熟，将空间分布特征分析与地理信息系统（geographic information system，GIS）技术相结合已经成为当今研究的主要趋势。灾害事件发生后，按照信息影响的传递过程、距离衰减效应、人口流动，还有区域之间等级关系等，以及地理学中的文化扩散类型如扩展扩散、接触扩散、迁移扩散及等级扩散等，可以把重大公共安全事件的影响空间划分为核心区、扩散区和边缘区。

中山大学地理与规划学院学者关于 2009—2013 年甲型 H1N1 流感的时空分析研究，通过 GIS 可视化工具，直观地展示了中国甲型流感发病率年际空间分布情况，采用全局空间自相关分析方法（空间自相关分析就是研究空间单元观测值是否与其相邻单元的观测值

存在相关性的一种分析方法，是空间单元观测值聚集程度的一种度量。通过这种方法可以揭示区域范围内观测值的空间分布特性。空间自相关根据研究对象可以分为全局空间自相关分析和局部空间自相关分析两大类）。研究结果显示，甲型H1N1流感的发病率在空间上和时间上都具有较强的聚集性；2009至2013年间中国大陆每年都有甲型流感的省级聚集性区域，热点区域的城市彼此相连；此外，通过散点图分析发现，31个散点在不同年份呈现出不同的聚集状态，说明疫情在空间上表现为随机性和扩散性。在H1N1流感的传染空间特征研究中，同样可见对流感影响区域的划分，分别是发病率高的集聚省份、受高发病率影响的地区（李美芳 等，2016）。

1. 核心区特征

当公共事件爆发时，核心区往往是灾害初期承受冲击力最强、受灾最严重的区域，由于事件的突发性，也是短时间内给公众的生命财产安全及社会的生产生活造成危害最大的区域。除此之外，受灾后核心区是展开救援、缓解灾害负面影响、灾区重建的重点区域，因此在易发生灾害的地区要做好灾害的预警和防治工作，加强灾害核心区居民应对灾害的能力，同时重点做好次生灾害的预警与防治，以确保人民的生命和财产安全。

据调查研究显示，天津港"8·12"爆炸事故发生后，事件的核心区破坏最为严重，不仅表现在城市建设上（建筑物、道路、居民区、绿化等），还表现在核心区居民的心理恐惧程度变化上，以及城市规划工作中的城市面貌恢复的工作难度上。爆炸核心区出现了一个深六七米的已经被化学污染的巨大水坑，爆炸点核心区化学爆炸使整个区域满目疮痍，空气中弥漫着浓烈的刺激性气体的味道，对空气中有害物质浓度进行测试，检测结果显示氰化物在空气中的含量严重超出安全范围，长期吸入会对人体健康造成伤害。当记者深入爆炸核心区的居民安置点，发现这场爆炸带给周围居民的不只是身体的创伤，还有难以弥合的心理创伤。天津港爆炸现场启动的市容恢复工作中，工作人员在事故核心区周边铺设草皮改善环境状况，并且在事故原址上规划了生态公园、配套小学、幼儿园等公共服务设施，尽快恢复了事故周边的市容市貌和居民的正常生活。

在2013年芦山"4·20"地震事件中，地震核心区内的房屋损毁严重，完全倒塌和部分受损的房屋面积比例分别为20.72%和64.50%，且农村房屋受损程度明显高于城镇。这次地震诱发的次生灾害崩塌、滑坡虽然分布广泛，但因其发生规模小且主要分布在峡谷等无人区域，除对生态环境以及道路、通信等基础设施造成一定影响外，并未对生命及财产安全构成较大威胁。另外雅安地区是我国有名的降雨中心之一，随着夏季雨季的到来，该地区发生二次崩塌滑坡、泥石流等次生灾害的风险仍然存在。在后续工作中，应重点做好次生灾害的预警及防治工作，确保灾区人民的生命和财产安全。

2. 扩散区特征

公共事件的扩散区特别是公共卫生事件的扩散区是事件解决需要考虑的重点区域，扩散的空间受时间和人类活动的影响较多。由于各域的空间关系有相邻、相交、相离的类型，所以事件的扩散区与核心区在空间上可能是连续的，也可能是非连续的，由于扩散区与核心区的关系具有多样性，因此在事件解决时，对事件扩散路径的研究起到重要作用，扩散路径的研究又有利于分析事件影响区域的公众行为特征。

根据河南省新冠病毒输入性和扩散性病例的发展研究显示，截至2021年2月26日，河南省输入性病例共计668例，扩散性为575例。研究显示，扩散比与该区域的输入性病例的基数有较大关系。从理论上讲，在严格的疫情防控措施下，各区县的扩散比与本地居民的防范意识、生活方式、家庭规模等因素有关。通过仔细研究该区域的病例信息后发现，扩散比较高的区县多数为家庭集聚性扩散病例，如长垣市10例扩散性病例来源于4个家庭，项城市7例扩散性病例来源于2个家庭，均为集聚性扩散。

3. 边缘区特征

灾害事件的边缘区从事件对该区域影响的冲击力和公众对事件的反应上不同于核心区和扩散区，边缘区的气氛相较于核心区和扩散区的紧张气氛是缓和的，该区域以往的正常通勤依旧未受到影响，灾害对边缘区公众的影响主要在居民出行上（包括日常出行和跨区域出行）有较为显著的表现。此外，边缘地区在距离上和受灾程度上具有优势，因此边缘区域对核心区和边缘区的支援帮助在事件前期起到重要作用，例如2021年郑州洪水灾害事件中，武汉消防率先支援，救援工作迅速展开，随后全国各地参与救援，使得被洪水灾害席卷的河南省受灾程度降到最低。

2021年6月末至7月初发生的洪水灾害中，河南是全国的受灾中心，郑州是河南的灾害核心区，郑州不仅是河南省省会城市也是全国重要的交通枢纽，这场千年一遇的洪水事件造成较严重的伤亡情况，也给跨区域出行的群体造成了困扰，由于险情尚未排除，交通枢纽不能发挥作用。像郑州这样的城市内涝经常发生，城市的设计者潜意识里认为城市机制可以自主解决寻常的城市内涝，所以城市的暴雨应急机制不健全。暴雨发生当天，地铁五号线被淹，造成人员伤亡；地下通道被淹，危害市民生命安全及造成个人财产损失。这样的事故也让大众认识到灾害发生时不能只关注核心区的受灾情况，边缘区也应该在统筹范围之内，例如，台风烟花带来的杀伤力并非在沿海地区，而是在内陆地区，像郑州暴雨、河北暴雨、陕西暴雨、山西暴雨等，随之而来的城市内涝问题才是台风烟花发力之处。由此可见，处在台风影响范围的边缘区的区域也应该统筹考虑突发灾害发生情况。

二、公众行为的空间差异特点

公众的行为反应在一定程度上也是公众的心理状态的外在表现，因此，做好心理健康服务、筑牢心理健康防线显得尤为重要。重大突发事件除了会造成巨大的有形损失之外，还可能对公众心理、认知和行为产生巨大的影响，甚至会导致公众心理、认知、情感和行为的失调。突发事件引起的公众心理失衡可能会导致公众的负面心理反应：恐惧、焦虑、压力、挫败、负罪感、攻击、从众、过度防范等，过度的应激反应还有可能发展成为心理危机，甚至引起大范围的群体性恐慌和社会动荡，从而严重影响社会稳定及人们的正常生活。切尔诺贝利、三里岛、戈亚尼亚、福岛核事故发生后，人们观察到了不同的心理反应，如相信健康受到威胁、怀疑事故报告和辐射剂量、改变生活方式等。灾害事件的影响会呈现在群众的心理上，各区域群众出现不同程度的心理问题。心理影响包括精神痛苦、风险认知的变化、个人和社会行为的变化等。心理影响的严重程度取决于相关的事故因素，如突发性、强度、持续时间、获得社会援助的可能性等，以及相关的个人因素，如经验、个人损失、对威胁的感知力、个人应对能力等，事故所引起的心理压力是人们对异常事件的正常反应。通常情况下，强烈的心理和情绪反应会干扰人们在事故期间或之后的行为能力，并可能转变成创伤后应激障碍。因此，面对重大突发公共卫生事件，应加强群众心理疏导工作。

在风险认知与公众行为的关系方面，也有大量学者对其进行研究，认为公众的行为是社会各种影响因素的综合结果，在公共危机事件下，风险带来的不确定性和模糊性，会造成人们的应激反应，进而触发行为决策。霍顿（Horton）和雷诺兹（Reynolds）归纳出的行为空间概念模型，认为个人因素在其对外在客观空间结构的感知过程中起到了重要的作用，而其居住位置成为最重要的节点（柴彦威 等，2008）。突发危机事件的应对实践表明，在遭遇突发危机事件时，个体极易在风险认知偏差的操控下出现一些偏离理性决策的行为，例如SARS危机导致的抢购板蓝根事件，2011年日本核泄漏的抢购盐事件，以及雾霾天气下公众对口罩、空气净化器的抢购事件等。人类行为决策付诸实施，很大程度上是受到人类所接受的环境信息的影响，它包括人类对空间的感知以及所形成的地方观念。不同的地理环境所形成的环境映像不同，人类行为取向因此也不尽相同，这样就出现了活动行为的时空间差异。根据公众所处的空间位置不同，以及距离事件发生地远近程度不同，在进行行为决策时会呈现出不同的取向，表现出公众行为特征的空间差异（马超 等，2020；李爱农 等，2013）。公共安全事件发生后公众风险感知的差异在空间行为上同样呈现出差异，具体差异情况如下。

1. 核心区公众行为特点

"台风眼"效应：人们在风险认知的过程中，从物理空间来看，处于风险事件中心地带（"台风眼"）的人，由于反复受到负性信息的刺激，在面对灾难时容易出现麻木、习以为常的心态。处于灾害核心区的公众对熟悉的风险司空见惯，对灾害的属性、杀伤力、如何有效应对等有着成熟的认识，形成一套比较合理的灾害应对体系，但是这样的行为特征也存在低估灾害的风险。例如我国东南沿海地区对台风灾害的认识和应对，暨南大学历史地理研究中心学者研究了早在明清浙东地区已经拥有成熟的台风灾害应对措施，为应对经常性的台风灾害，人们掌握了娴熟的应对技巧，能够在地方官员带领下实施自救行为。长期接触并熟悉风险事件，民众内心的紧张和恐慌相对会减少。处于震区的群众流传这样一句话："小震不用跑，大震跑不掉"的说法，这样一句俗语道出了那些处于地震核心区群众面对灾害习以为常的心理状况。从科学角度来说，地震的预测目前还是一个世界性的难题，无法准确预测地震的具体时间和地点。因此，这句话表达的是在地震来临时，小地震通常不会造成大的损害，因此不必惊慌逃跑；而大地震发生时，由于震级高、破坏力强，逃跑可能会比较困难或者来不及。处于雾霾风险核心区的群众对雾霾天气的发生、发展的演化过程与造成的结果的认知平均水平最高，这样有利于该区域群众理性应对雾霾天气，心理的焦虑感和恐慌感也会相对偏低。

当公众面对公共危机事件时，公众承受着巨大的心理压力，在行为选择上倾向与群体的意见或行为选择不一致时，进而产生盲目或从众行为，当个体的意见或者行为选择与群体不一致时，往往容易产生心理上的孤立感。公众危机事件下公众的从众行为具有3个主要特征：一是模仿性，公众力求与多数人行为一致的本能模仿；二是跟从性，群众盲目跟风和从众；三是自发性，公众模仿和跟从行为是完全出于自愿。李华强等分析的"5·12"大地震中的群众从众行为，认为人们在有关地震的小道消息和谣言的作用下，出现的抢购、外逃行为是基于风险认知的失调所导致，核心区群体在面临各种风险信息的冲击时，自身的辨别能力有限，在巨大心理压力的驱使下不得不调整自己的心理认知和行为选择，以使心理认知与行为选择之间协调（李华强 等，2009）。根据相关研究对2020年初武汉新冠疫情发生时武汉群众流出情况分析结果显示：①春节时段湖北省各地级市农村地区人群增加数量占人群变化总量的比例平均达124.7%，从武汉市迁入各地级市的人群中至少51.3%流入农村地区；②区县尺度人群变化总量的空间分布呈现3个圈层结构：第一圈层为疫情核心区，包括武汉及其周边地区，以人群流出为主；第二圈层为重点关注区，包括黄冈、黄石、仙桃、天门、潜江、随州、襄阳，以及孝感、荆门、荆州和咸宁的部分地区，以人群总量和农村地区人群数量大幅增加为主；第三圈层为次级关注区，包括湖北西部宜昌、恩施、神农架和荆门部分地区，以人群小幅流入为主（刘张 等，2020）。公众出现这样的认知误差和行为决策偏差给疫情大幅度扩散提供了契机，也给疫情防控工作加大难度，因此研究公共危机事件下各领域群众的行为取向，预测动机水平，及时进行心理疏导，矫正偏差行为显得尤为重要。

2. 扩散区公众行为特点

这一区域极易受到核心区的辐射，无论在心理上还是行动上，人们受公共事件的影响比较明显，扩散区是事件核心区危机的疏散最佳承载地，属于事件扩散的有效区域，这一区域在核心区辐射范围内，公众的日常通勤活动会有相应改变。由于直面风险的压力，公众在感知风险过程中会受到各种不可控因素的影响，从而导致行为出现偏差，在这一区域也会出现不理性行为，例如盲目从众、夸大风险、群体出逃等消极应对行为。公众受群体行为影响明显，公共事件发生后，个体周围人群的状态和行为是影响个人心理恐惧状况和行为活动选择的重要因素。在雾霾灾害中，个体面对雾霾天气时，通常会关注周围人群对事件的看法和反应。当周围群众表现出来某种特定行为时，出于对风险的担忧和自身安全的考虑，通常会受到其他人群的传染，产生从众行为，这样的从众行为因个体为非自发、受传染而做出的行为选择，往往会导致恐慌感增强，甚至恐慌感会在人群之间传播。

3. 边缘区公众行为特点

边缘区群众距离灾害核心区较远，几乎不在事件伤害波及范围之内，这一群体的活动不受灾害事件的干扰，日常通勤未受到影响。根据汶川地震重灾区与灾区的风险感知对比研究，发现重灾区的受灾群众大部分被安置在简易房和帐篷里，生活条件简陋，没有获取更多信息的途径，而边缘区的民众正常生活基本未受影响，日常通勤未受干扰，可以通过网络、电视、报纸、杂志等获得相对丰富的资讯，而且由于非重灾区民众所处区域受到地震直接伤害的可能性较小，因而熟知程度和控制程度均高于重灾区群众。但这样并不意味着这一群体对公共事件毫不关心，相反通过媒体传播，边缘区公众对事件的熟悉程度不比重灾区公众低。边缘区公众的利他应对行为表现明显，除了重灾区公众的互帮互助、互相鼓励外，非灾区的公众在灾害发生后积极捐赠物资，前往灾区当志愿者的行为多次出现，为灾害救助工作的顺利开展起到重要作用。

4. 网络空间公众行为特点

网络舆情是指广大网民以网络媒体为平台，在网络公共空间针对公共事务表达自己的观点、态度和情绪。"舆情事件本身"是网络舆情形成的根本性因素，会影响该事件在网络中传播的速度、强度和范围。中国互联网络信息中心发布的第52次《中国互联网发展状况统计报告》表明，截至2023年6月，我国网民人数为10.79亿，互联网普及率达76.4%。如此庞大的用户群体，使得网络舆情已发展成为不容小觑的舆论场。随着网络技术的发展，网络舆情分析在应对突发事件当中扮演着越来越重要的角色。根据对网络舆情特点的研究，发生公共事件网络舆情的地区分布会受到地区属性的影响，经济发展水平越高，该地区的舆论指数则越高，另外与受教育水平、年龄、性别也有关系(赵飞 等，2021)。根据事件的发展过程，公众在网络空间上具有不同的行为表现：第一阶段是形成期，这一阶段公共事件会有些端倪，但是难以察觉，只有极少数人会关注以往与该突发公共事件类似或者相关的信息；第二阶段是高涨期，这个阶段突发公共事件产生的危机已经暴露，网络舆情会"脉冲式"迅速增长，绝大多数网民通过互联网平台获悉突发事件的有关信息，以满足自身的信息需求；第三阶段是波动期，该阶段网络舆情呈现波浪式发展，即发展到一定高潮后，会经历一定时期的下降，但受某些偶然因素的影响又会出现新的发展，并进入下一个高潮，这个时期网民对事件的关注呈现跌宕起伏的状态；第四阶段是淡化期，这期间网络舆情呈现"幂律衰减"分布，具有典型的网络关注长尾特征。在没有新的刺激因素介入时，多数网民的关注度会逐渐减弱，但有一些网民因"路径依赖性"而产生行为惯性，会继续关注。此时要密切防范一些新的刺激导致事件舆论复苏。

三、公众行为空间差异引导策略

突发重大公共卫生事件发生时，许多人都有可能会面临心理危机，主要表现在生理、情绪、认知和行为上。如果不及时进行心理危机干预，极易形成应激障碍，影响身心健康和社会正常秩序。做好突发重大公共卫生事件的群众心理疏导工作，首先应汇聚和整合各类心理健康服务资源，健全心理健康服务队伍。应对突发重大公共卫生事件的整体部署，按照分级负责、分类干预、动态调整、线上线下结合的原则，建立突发重大公共卫生事件的心理疏导与危机干预体系。及时根据事态变化情况，调整干预工作重点，结合不同群体在不同阶段、不同区域的需求，分类制定干预策略，积极预防、减缓和控制突发重大公共卫生事件带来的社会影响。畅通交流渠道，加强人文关怀，利用新媒体和大数据等现代技术手段，开启线上线下交流沟通渠道，综合运用电话沟通、QQ 和微信交流等形式，构建全方位、立体化、多层次、全覆盖的引导机制。此外，突发重大公共卫生事件发生后，人们面临巨大的不确定性，内心的安全感和稳定感被打破。因此，应尽快恢复正常生活工作，并有针对性地做好人文关怀，消除社会恐慌，形成强信心、暖人心、聚民心的社会氛围。同时，做好宣传教育，积极引导舆论，广泛普及科学防护知识，加强对健康理念的宣传教育，增强群众自我保护能力，引导群众涵养积极健康的社会心态，倡导科学文明的生活方式，从而缓解群众的紧张、焦虑情绪，消除恐慌心理。

1. 核心区公众行为引导策略

对风险事件的知觉会促使人们采取一定的行动来降低风险，对事件的高风险知觉会促使人们通过各种努力试图降低风险带来的危害，也就是说公众对风险的认知程度越高，就越倾向于采取积极行为应对事件。通常采取的行为方式有两种：一是降低风险事件出现的概率，二是减轻风险的影响。这两种行为方式在事件核心区的公众行为引导策略存在不同。首先通过各种媒介反复传递事件风险信息和正确的避险方法，帮助公众加深对事件的了解，积极探索风险问题的解决，寻求资源支持的主动应对行为，包括关注公共事件的演化过程，听取专家的建议，参与危机事件的讨论等；其次是在高风险期，引导公众做好自我保护，合理规范自身行为，控制盲目行为。

2. 扩散区公众行为引导策略

对扩散区公众行为进行积极引导是控制公共事件发展的重点环节，在这一环节需要根据扩散区的公众特征来引导该区域公众的行为活动。一是增加危机信息的公开度和透明度。由于危机初期风险感知的模糊信息具有较大误导倾向，增加信息的透明度是制止流言和谣言传播、缓解公共对抗行为的最有效方式。二要完善公众利益表达机制。公众有表达自身意愿、要求和反映自身问题的诉求。尽管非制度化渠道多，但是具有不确定性和不稳定性，不能有效处理问题，因此应将现有的诉求表达渠道专业化，保障顺通，不断搭建表达民意的渠道。三是打造国家、社会和公民的良性互动平台。好的政府需要公民监督和激励，积极的公民是在政府的培养下产生的，两者相互依存，社会力量也发挥着独特的优势，公众有序的行为是政治文明的体现，引导公众积极行为，折射出社会文明的品质，二者互为前提，共生共长。

3. 边缘区公众行为引导策略

一是引导公众做好自我心理调节。面对突发重大公共卫生事件，积极乐观的情绪、健康向上的心态，既是一种强大的正能量，又是一种强大的免疫力。因此，要积极引导群众做好自我心理调节，不断提高自我调适能力。二是积极引导公众了解自身情绪反应。鼓励与朋友、家人、同事加强沟通交流，在交流互动中释放和接纳情绪。三是引导公众建立理性认知，避免因偏信谣言造成过度心理恐慌。帮助群众获得权威信息，如专业组织、权威机构和政府公开发布的信息，让公众运用自己的知识或常识，理性认识和判断信息的正确性和可靠性。四是积极引导公众保持乐观积极的心态。在突发重大公共卫生事件期间做些让自己感兴趣、有意义的事情，如陪伴亲人、读书等，为自己的生活注入希望，避免产生悲观、失望、沮丧等负面情绪和不良心理。

4. 网络空间公众行为引导策略

5G技术的广泛应用、媒介的传播方式改变等引起舆论格局发生深刻变革。信息的海量递增以及舆论场的"众声喧哗"使舆情风险防范的压力陡然增大，迫使处理公共突发事件网络舆情危机的时间缩短，社会治理的难度随之增加。网络空间是当下社会治理的重要场域，而公共突发事件网络舆情则是社会风险在网络空间的集中表达。鉴于此，公众网络空间的行为规范应该得到关注。

（1）充分发挥大众传媒正面、积极作用

大众传媒是危机应对和危机沟通中不可忽视的重要力量，在满足公众知情权和信息传播方面发挥了不可替代的作用，因此大众传媒要坚持行业基本准则，应以公开信息、澄清事实、平息谣言、鼓舞人心为己任，对事件进行客观、准确的报道，不以博人眼球的夸张标题和未经证实的信息来博取关注率和点击率。同时政府将大众传媒的管理纳入法治化、制度化的轨道，制定媒体行业的法律标准和行为规范。

（2）引导非正式群体发挥作用

公众在一定情况下会依靠身边的人来获取风险信息，这样人际关系就成为风险沟通的一环，通过人际交往来传播，分享灾情信号和互助信号，这样的非正式沟通往往会产生意想不到的效果，重点在于做有效引导。因此沟通中的人际关系传播不能是风险突发时的小道消息，更不能是捕风捉影的谣言，而应该是政府主导下社区居民自觉的风险学习、风险预警和风险教育。

（3）完善政府权威信息发布渠道

政府官方信息因其严谨性和权威性的特点，更能引导公众行为。政府官方网站的权威程度被大众所认可，但目前我国政府网站的建设仍有待进一步加强。首先在理念上应实现转变，在过去的很长一段时间里，政府网站服务于国家和政府，较少地考虑公众诉求，政府网站的理念需要向保证公众的权利上转变；另外政府网站应该充分发挥新媒体的作用。在公共危机事件中充分利用新渠道进行权威信息发布，把相关信息及时准确地传播给公众，针对谣言、小道消息和不实言论，利用新渠道进行及时辟谣，稳定民心。

第七章　突发重大公共安全事件治理的行为引导策略

　　社会公众在缺乏相关信息和应对策略的情况下，面对突发重大公共安全事件带来的威胁与损失，可能会出现各式各样的个人或群体行为。这些带有应激性质的应对行为，如果没有正确、及时、有效地加以引导，很可能会带来附加危害，甚至引发不可预料的严重后果。同时，不同身心特点的公众在突发重大公共安全事件中面临的境况有所不同，公众的行为引导策略也应"对症下药"，如对普通大众需要进行正确行为的引导，对网民则要增加对其思想的引导，而对残障人群却需要提供更多的帮助与支持。本章将分别对突发重大公共安全事件中普通大众、网民和残障人群的行为引导策略进行探讨。

第一节　突发重大公共安全事件中普通大众的行为渐进引导策略

　　行为主义和学习理论认为个体的行为反应是习得的，在这一认识上延伸出个体行为矫正的理论与方法，如强化、惩罚等。一直以来，这些行为矫正策略被广泛运用在学生行为问题的改善方面，人们也积累了一定的实践成效与经验。

　　而在突发重大公共安全事件中，人们同样可以借鉴行为矫正的原理与方法，如行为塑造法、帮扶渐退法和行为链条法，对普通大众的安全应对行为进行引导与培养，以此来提升大众在突发重大公共安全事件中的应对能力。

一、行为塑造法

行为塑造法指通过强化一系列不断接近的行为，最终建立新行为的方法。塑造是个体掌握一个全新行为的过程，与行为的正强化存在理念上的不同。通常对于一个简单的动作，正强化可以起到促进作用，但是对于个体还没掌握的行为动作，就不能消极地等待其正确行为出现再做强化，而是首先要对与目标行为较为接近的一个起始行为进行强化。尽管这个起始行为距离目标行为还很遥远，但两者有一定程度的相似性，且个体在现阶段还只能表现出这个行为。当这个起始行为得到巩固后，再对个体提出更高要求，当其在起始行为的基础上表现出另一个更接近目标的行为时，才能进行强化。依此类推，经过不断强化与巩固许许多多个接近性的行为，最终实现目标行为的塑造。所以，行为塑造法又被称为"连续接近法"。

在这个过程中，塑造的起始与目标行为是最重要的行为，如果选取了错误的起始行为，就会导致南辕北辙的结果，而如果目标不明确，最终也无法获取正确的行为。另外需要注意的就是在塑造的每个环节中，正强化都在发挥着积极的作用，当获取目标行为后，还会得到更大的强化物，这样才能确保行为不断延续。

独臂英雄——丁晓兵

在一次重大军事行动中，身为侦察大队"第一捕俘手"的丁晓兵，在敌人阵地生擒一俘虏回撤的途中，为掩护战友和俘虏，抓起敌人投来的手雷向外扔的刹那间，手雷突然爆炸，右臂被炸得只存一点皮肉。为了完成任务，他以惊人的毅力用匕首割下残臂，扛着俘虏，冒着炮火翻山越岭4个多小时才与接应分队碰上头。

2003 年，部队在淮河流域抗洪抢险，丁晓兵一只胳膊不能挖土，就扛包运土；不能打桩，就潜到水里垒围堰。其身如令，其势似锋，18 天时间，他在抗洪一线表现着他的人格魅力。20 多年来，他把对党的忠诚、对国家的热爱、对部队的责任，全部倾注于他军人生涯中的每一个细节，付诸部队生活中的每一个举动。284 面奖牌、证书见证了他以残缺之躯为党和人民建功立业的不平凡历程。

丁晓兵一直珍藏着一条沾着血迹的背包带，这条背包带是他一次耻辱的记录，留着它，是为了时时鞭策和激励自己。丁晓兵刚到连队上任指导员的第二天，连队组织紧急集合训练，全连都集合齐了，他的背包还没打好。一向好强的丁晓兵暗下决心：我要用一只手创造一流的业绩！为了练好打背包，他一个人躲在房间里脚、嘴和左手并用，练得手指磨破了皮，嘴角流出了血，直到打背包的速度全连没人能赶上他。

行为塑造法也可以看作是行为的引导，各种职业技能的训练、运动员体能的训练及战士信念品质的养成等都利用了行为塑造法的原理。正如案例中丁晓兵成长为英雄过程中所形成的坚韧不屈的品格，就是在部队通过不断训练而塑造的结果。因此，也可以将行为塑造法迁移运用于引导安全行为，特别是在突发重大公共安全事件中，有助于形成公众的应急心态，并指导他们采取正确、适当和合理的行为。

（一）行为塑造法的优势

行为塑造法更适用于对复杂行为的训练与引导。复杂行为往往需要经过一段时间的学习才能形成，例如对于普通大众来说，要形成正确应对和预防突发重大公共安全事件的复杂心智模式及行为方式是较为困难的，如果一味期待大众展现出突发重大公共安全事件应急行为能力后再给予强化，就意味着错失了安全预防的超前性功能，而且多数普通大众很可能不具备这种应急行为能力。因此，行为塑造法采用渐进的方式，将复杂行为细分为简单的小行为，使相邻的行为比较接近，并对各阶段性行为分别给予强化。这就如同登山，每上一个高度就得放弃较低处的营地，只有这样才能登上山顶。如果想越过山脚、山腰，直接达到山顶，是不可能的。为了激励登山者，还需要不断对他进行鼓励、强化，当他登上山顶，一览众山小，得到的快乐是非常强烈的，起到了正强化的作用。

行为塑造法有助于新行为模式的建立，当个体表现出正确的行为时，可以采用正强化加以巩固，从而提高该行为出现的频率。而如果对个体还不具备的行为给予正强化，效果则聊胜于无。因为个体还不具备引导者想要加以强化的行为，他们得到的正强化物只会对其之前所做的"无用"行为起到强化作用。如果有足够的耐心，也可以等到行为者偶然出现预期的行为时给予强化，使其得以增强。但这样的行为引导效率较低，不符合突发重大公共安全事件治理所强调的紧迫性。为此，可以采用行为塑造法，先强化一个行为者已经能表现出来的，且与目标行为有一定相似度的行为，也就是起始行为。当这个起始行为出现后，立即给予正强化。随着引导的深入，逐步提高对行为的要求，使行为更靠近目标行为……经过这样不断地对新建立的行为进行强化，使其逐步接近目标行为，最终建立新的行为模式，并逐步强化而加以巩固。

行为塑造法行为引导贯穿始终，不管是用于训练复杂行为，还是建立新的行为模式，其共同点都是刺激保持不变，而所要塑造的行为在不同阶段不断变化，如果固守一种行为，就不能发展塑造过程。而如果刺激条件不断变化，就会使个体无法建立稳定的条件反射，最终导致塑造结果不理想。

在塑造的过程中还要充分发挥正强化物的作用。行为塑造法不同于正强化，但行为塑造法其实是由一系列强化过程组成的。从行为塑造法的过程来看，将复杂行为细分为一系列的行为，相邻的两个行为比较接近，分别对各阶段性行为给予强化，最后，当达到目标的行为出现后，还要给予更强的正强化物来加以巩固。可见，在塑造的过程中，正强化、间歇强化等方法都在贯穿使用。当然，具体到每个阶段，正强化物可以不同，强化的频率等也可以不同。

总之，塑造是一个渐变的过程，也是复杂行为的引导过程。

（二）行为塑造法的使用原则

一是确定目标行为。要引导的行为是目前大众还不能达到的行为模式，比如疫情期间自我调适的心智模式或理性应对疫情信息等的行为能力。根据大众行为引导的基本要求，行为塑造法应该选择具体的、可观察、可测量的行为作为目标，如面对疫情，大众的自我防护行为、方式和程度等。

二是确定起始行为。尽管目前大众还不能达到目标行为，但是可以从他们已经具备的行为中选取与目标行为比较接近的行为作为起始行为。起始行为首先应当是大众已经具有的行为，这样他们可以很容易表现出来，然后给予强化，加以巩固。同时起始行为应当与目标行为有一定程度的相似或接近。同时，在选择起始行为时，不要追求完美，起始行为实际上距离目标行为非常遥远，只有一点点地接近或相似之处，但首先要容纳这一行为，否则会加剧行为引导的难度。

三是选择适当的强化物。行为塑造法是由一系列的强化建立起来的复杂行为形成过程。因此正强化物的选择非常关键，一方面是给起始行为和接近性的行为选择正强化物，以支持行为逐渐过渡到目标行为；另一方面当达到目标行为时要给予较强的正强化物，以维持、巩固目标行为。同时，还要注意，在每前进到一个新阶段时，原有的旧行为就不再得到强化，在目标行为出现以后，以前的所有阶段性的行为也不再得到强化。这样，复杂的行为就形成了，之后按照正强化的方式只对符合要求的目标行为进行强化即可维持该行为的稳定性。

四是设计行为塑造的步骤。行为塑造法的整个过程是由起始行为向目标行为的引导，中间有若干个接近性的行为，一个比一个更接近于目标行为，每两个相邻的行为之间有着高度的相似性或共同之处。理论上，可以将一个塑造任务分解出许许多多个甚至无数个接近性的行为，但由于个体具有主观能动性和迁移能力，多数情况下，没有必要把中间的步骤分得特别细，如果技能熟练的话，还可以将若干步骤合并起来。究竟保留几个阶段性行为、每两个接近性的行为之间差距多大等内容，应根据普通大众的行为特点以及行为引导的目标来定。

五是根据正确的方向进行引导。行为塑造法在行为引导过程中，应保持向着目标行为前进的方向不变。由起始行为向各阶段性行为、由上一个向下一个阶段性的行为、由最后一个阶段性的行为向目标行为引导时，应根据公众的熟练程度来决定引导进程的速度、步骤等。如果在一个步骤上停留太久，行为就会过于牢固，难以向新的行为转变；如果在一个步骤上停留太短，行为就会不够牢固，容易导致行为引导的倒退。

二、帮扶渐退法

帮扶渐退法是指通过逐渐改变控制某一反应的刺激，最后使部分改变的刺激或全新的刺激仍可引起这一反应的方法。渐退实际上是一种帮助由多到少的引导过程。虚拟现实帮助个体掌握复杂技能也是利用了渐退的原理，如模拟飞行系统，采取模拟飞机驾驶舱、集成驾驶系统、虚拟机场环境，或飞行场景、时间、方向、速度与高度控制等系统，实现虚拟的飞机起飞、巡航、降落控制等过程，创造出逼真的飞行环境。使飞行学员从视觉、触觉、听觉、动觉等多种感官去体验真实的飞行过程，从而训练其在突发航空安全事件中的应急行为能力。在模拟机上接受训练后再进行真实飞机的操作，驾驶环境逐步改变，候选飞行员在掌握各种复杂技能、能够充分应对和预防各种突发情况后从容地驾驶飞机。这种训练方式既安全，又极大地降低培养成本，且能取得良好的训练效果。

　　行为塑造法和帮扶渐退法都是渐进的行为引导方法，看上去有点相似，但两者也有很大的差别。在行为塑造法中，每个阶段的刺激情境都是不变的，而行为则在不断改变（逐步靠近目标行为）；在帮扶渐退法中，个体的行为从一开始就是正确的，调节的是刺激情境，例如由强制要求的情境逐步放松，转变为互相监督的或自觉的情境。

　　在使用帮扶渐退法时，要遵守以下原则：

　　一是选择正确的目标刺激。帮扶渐退法的最终目标是要求个体对一个全新的刺激做出不变的反应，而这个刺激就是目标刺激。

　　二是选择适当的起始刺激。起始刺激是指能够诱发特定行为的刺激情境，并且起始刺激与目标刺激有一定程度上的相似度，但还达不到直接替代目标刺激的程度。因此，要先从能够做出正确反应的起始刺激开始，逐渐引导到最终的目标刺激情境下，同时保持行为的稳定。

　　三是选择适当的强化物。在特定的刺激情境下，当个体做出符合要求的行为时，应及时予以强化。因此，选择正确的强化物，以使该行为在特定的情境下维持稳定是十分必要的。

　　四是确定公众渐退行为的步骤。从起始刺激开始向目标刺激引导的过程中，要将刺激设计为渐进的序列，并使相邻的两个刺激较为接近，这样才能顺利地从一种刺激情境逐步引导到另一种刺激情境下。

　　五是要按照正确的步调进行引导。在实施帮扶渐退法的过程中，应该按照正确步调前进，既不要过快地前进到下一个刺激情境，也不应过度停留在一种刺激情境下。应采取"小步子"原则，根据公众的行为水平，来设计步调的大小和变换刺激情境的时机。

三、行为链条法

　　行为链条法就是通过对刺激—反应链进行强化，进而引导行为的方法。行为链条法建立的目标行为通常是比较复杂的系列性行为。

（一）行为链条法的类型

行为链条法将公众应对安全事件的正确行为进行分解，形成行为步骤，根据行为步骤训练的次序，可以将行为链条分为整个任务呈现链条、逆向链条和顺向链条。

如果所要引导的行为较简单，刺激—反应链较短时，可以使用整个任务呈现链条的策略。先将各个环节教会，然后按整体顺序进行练习。例如我国为预防病毒传播广泛宣传的七步洗手法的行为指导，当公众需要洗手时（S1），首先要将双手打湿，涂抹肥皂（R1），这就完成了第一个行为链条；第一个链条的结束成为引起下一步行为的刺激，即清洁手掌（S2），双手掌心相对，相互揉搓（R2），进而完成第二个链条；第二个链条的结束又成为引起再下一步行为的刺激，清洁指缝内侧（S3），手指交叉相互揉搓（R3），完成第三个链条；之后是清洁手背、指缝外侧、手指指背、大拇指、指尖以及手腕和手臂。当这些链条以较短的时间相继完成的时候，就形成一个完整的行为链（S-R链）。此时，可以给予公众一定的正强化，以巩固该行为链。

逆向链条是将整个S-R链的次序倒过来训练的一种训练方式，即先训练最后一步（倒数第一步），接着再训练倒数第二步，并要求将之与倒数第一步联系，然后再练倒数第三步……如此训练到S-R链的开端。逆向链条并不是要把行为倒着来，而是针对动作太多、太复杂的行为链，采取了引导者与公众协作完成的方式。引导者先将前面所有的步骤完成，留下最后也是最容易的一步，让公众去完成，这样的行为仍然是从前往后的一个完整的行为链。例如，遇到火灾时，正确的应对措施是先判断起火原因，选择合适的灭火器，再进行灭火。而面对突发的起火事件，公众可能由于相关知识和技能的缺乏，无法及时、正确地应对火灾。这就需要消防员开展相关的消防宣传活动，帮助普通大众了解、掌握必备的消防安全知识与技能。消防员在指导学员应对突发起火事件时，为了引导他们掌握如何判断起火原因，选择合适的灭火器并正确操作灭火器进行灭火的技能，往往会采用逆向链条的行为引导方法。首先，消防员会根据起火原因选择正确的灭火器，让学员先学习如何使用灭火器灭火。然后，当学员熟练掌握灭火器的使用方法后，将灭火流程前面的动作完成，即判断起火原因，留下选择正确的灭火器、使用灭火器进行灭火这最后两个步骤，让学员在学习倒数第二步后，将最后两步连起来按顺序完成。最后，当学员熟练掌握灭火的最后两个步骤后，消防员会教授学员判断起火原因的相关知识，引导他们学会正确的灭火流程。

对于不适合用逆向链条进行塑造的行为，就得用顺向链条的策略来进行引导，即按照S-R链的顺序，从第一个环节开始依次训练，并将前面的环节与所训练的环节联结起来，直到整个S-R链被全部掌握的链条训练方式。如图7-1，消防员在指导学员使用干粉灭火器时，根据使用方法逐步地指导教学。先提起灭火器，之后拔下保险销，用力压下手柄，最后把灭火器对准火源根部扫射。学员按照指导顺序，通过练习掌握灭火步骤。

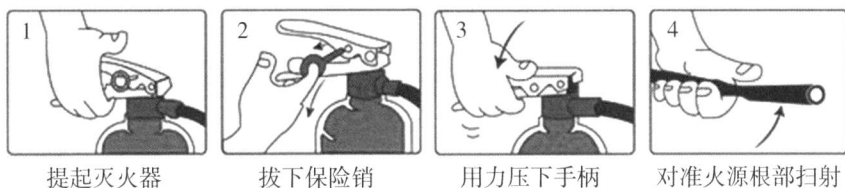

| 1 | 2 | 3 | 4 |
| 提起灭火器 | 拔下保险销 | 用力压下手柄 | 对准火源根部扫射 |

图7-1　干粉灭火器使用步骤

（二）行为链条法的使用原则

一是要对群体特点进行分析，确定行为链。行为链究竟由几个步骤组成，这不仅要考虑行为链的复杂程度，而且要结合公众的特点来确定。如对于有一定基础的成人和某种技能领域的熟练者，行为链可以略微粗化，步骤可以少一些。但不管怎么分，必须确保顺序正确。将行为分解为具体细节后，引导者就可以按照合适的链条法进行训练了。

二是要先示范整个链条。在进行链条行为的引导前，引导者要向公众完整地展示整个链条的过程，使其了解全貌，避免因为逐个行为学习而导致无法将所有行为串联起来的问题。

三是要选择具体的行为链条引导策略。在确定行为链后，整个任务具体采用顺向链条还是逆向链条，要根据任务的特点、难度以及大众的实际情况而定。对于相对简单而且在自然应用中也不能拆分的行为链，适宜用整个任务呈现法；对于行为链较长，且只能从前往后进行的行为链，则可以选用顺向链条法；对于任务难度大，需要训练者帮助的行为链，则可以选用逆向链条法。

四是要以正确的次序进行引导。行为链中的每个行为先后的次序是不变的，并不因为要拆分或逆向进行训练而需要将行为倒着来，也不能越过某个环节。总之，要确保演示、练习、应用中，行为链内的各个行为发生的次序不变。

五是对公众的正确行为要充分强化。在每个小的行为引导环节，都要及时给予强化，确保公众的行为得到巩固。当整个行为链完整地表现出来时，则应给予较强的正强化物来进行激励。

六是要逐步减少对每一步行为的辅助。通过行为链的方式引导普通大众行为的最终目的，是在没有强制或辅助措施的情况下，他们能够完成复杂行为，成功应对和预防重大公共安全事件带来的不良影响。因此，开始可以多一些强制措施或帮助，例如逆向链条法，在开始时引导者可以多完成一些步骤，以降低任务难度，但是等公众掌握了行为以后，引导者就要逐步退出，主要用指导语给予提示和指导，而不再替代公众自己的行动。最终，行为能够内化到个体自发进行，这些外部的指导语的应用也可以降低到最低限度。

正确戴口罩的操作步骤

1. 应选择一次性医用口罩或医用外科口罩。
2. 佩戴口罩前应洗手，保持手部卫生。

3. 分清口罩的正反面和上下方向。保持深色面朝外，标识商标朝外；金属条鼻夹在上，褶皱向下。

4. 先将耳挂挂于双耳，再上下拉开褶皱，使口罩覆盖口、鼻、下颌，将双手指尖沿着鼻梁金属条，由中间向两边，慢慢向内按压，直至紧贴鼻梁。

5. 适当调整口罩，使口罩与面部紧密贴合，全部遮盖口鼻处，鼻梁金属条要紧贴鼻梁。

第二节　突发重大公共安全事件中网民的行为引导策略

随着我国互联网技术的不断发展，网民数量激增。中国互联网络信息中心发布第52次《中国互联网络发展状况统计报告》显示，截至2023年6月，我国网民人数为10.79亿。随着手机的普及，网民获取信息的方式不断变化，获取和传播信息的渠道更丰富、更快捷、更及时，截至2023年6月，我国的手机网民人数已高达10.76亿。网络的便捷性与隐蔽性为广大网民提供了畅所欲言的机会，尤其突发重大公共安全事件发生时，如果不对网民行为加以正确的引导，谣言与虚假信息极易在短时间内迅速发酵，产生恶劣影响。

一、网民的行为特征

对同一事件的共同关注，使网民聚集在一起形成庞大的网民群体，相互分享、相互影响、相互感染。互联网传播技术的迅速发展和网络匿名、开放、虚拟、包容的环境氛围，使网民能够接收到丰富、海量的信息，但网络信息的真实与虚假、营销与炒作甚至欺诈，让网民眼花缭乱、难以分辨，从而引发网民轻信谣言、从众、对抗式解读、群体极化等行为。

（一）轻信谣言

每当出现突发重大公共安全事件时，与事件相关的谣言便无处不在。谣言制造者出于博人眼球、扭曲事实、获取关注量、牟取利益等不良目的在网络中散布谣言，网民由于缺乏对事件真相的了解、有限理性、缺乏对谣言的批判、猎奇心理等原因被谣言吸引，并且坚信和传播谣言，进一步推动谣言的散播。当政府和媒体说明事实真相、驳斥谣言，试图改变网民的看法时，反而激起网民的态度免疫，产生抵触情绪，使舆论引导因错失辟谣的最佳时机而陷于困境（张桂杰，2018）。2020年4月4日，网传"疫情引发粮食危机，粮食供应不上！""全国粮食疯狂涨价！超市卖断货！""供应商抢不到货，粮食恐慌！紧要关头，囤货就是了"等信息，有微商平台结合上述虚假消息编造文案，试图借此进行营销，获取利益，后有网民进行转发，混淆视听，引发了大量的议论和担忧。经查，4月1日，罗某某（女，椒江人）看到该虚假信息后，出于分享的心理，就未经核实在微信群加以转发，后公安机关对其开展教育宣讲，当事人才认识到信谣、传谣的危害性。

（二）从众行为

网络中的从众行为是指在互联网中，网民个体跟从网络群体的意见和态度，与网络群体的行为保持一致，人云亦云。网络传播技术的发展、自媒体的兴起，使信息能够瞬间传达、瞬间爆发成为热点事件，引起网民的跟风、围观、转发和传播。在利益相关人员的营销、炒作或意见领袖的领导下，网民没有进行独立思考、仔细判断信息是否真实时，很容易受到意见领袖和网络群体的意见、情绪、态度和行为的影响，跟随他们的脚步，与网络事件已有评论保持一致，而事件的情境和信息越模糊，网民的从众行为就越强，导致事件的真相被掩盖起来。

（三）对抗式解读

网络的开放、互动，让网民有了可以自由探索和自由发言的空间，来自网民的见解和看法在很大程度上可以影响媒体的观点和社会舆论，这为对抗式解读的出现提供了土壤。对抗式解读指信息接收者对信息传达者所传播信息的曲解，解读出与传达者意图相反的见解和看法。一方面，当前互联网环境下，网民不再是单纯的受众，不再被动地接受信息，而是主动选择自己感兴趣的领域，发表自己的想法和意见，从而对媒体的影响力产生削弱作用。另一方面，随着网民受教育程度和媒介素养的提高，他们在接收信息时能够运用辩证、批判的思维方式形成自己的独立判断，不会轻易受到媒体观点的单方面影响。此外，在过往的某些突发重大公共安全事件中，由于少数政府工作人员处理方式不当、信息公开不到位等原因，导致部分网民对政府的公信力产生怀疑，使网民的对抗式解读越来越多，尤其在网络匿名、虚拟的环境中，更容易触发非理性网民的对抗式解读。

（四）群体极化

群体极化是指群体中已存在的倾向性通过群体成员的相互作用而得到加强，使一种观点朝着更极端的方向发展，即保守的会更保守，激进的会更激进。在虚拟的网络中，网民很容易因为对同一事件的关注集结成群体，产生相似的观点和意见并相互影响，最终导致群体的观点和意见保持统一，并且引发一些极端行为；但当群体中的一些网民与群体的观点不一致时，有的保持沉默离开群体，有的放弃自己的意见和群体保持一致，导致网络中的群体极化程度高于现实世界，使群体做出更加极端的判断和决定。但是，并非所有的事件都会在网络上引起网络群体极化现象。只有当事件触及网民的痛点，例如公平正义的缺失、官员腐败、贫富差距过大、重大公共事件中的信息不透明等，才会引起网民的高度关注。

二、影响网民行为形成的因素

网民拥有相似的价值观和心理状态时，更容易聚集在一起，形成共同的价值观和心理状态，并排斥、打击与自己不同的其他网民。处于同一种气氛中的网民更易达成一致的意见、感染同样的情绪。此外，现实生活是不容忽视的另外一个因素，虚拟的网络世界会映射、放大网民的真实生活，当生活遭遇不公和挫折时，网民更容易在网络中寻求关注。

（一）价值观因素

价值观是基于网民一定的思维感官之上而做出的认知、理解、判断或抉择，也就是人认定事物、辨明是非的一种思维或取向。价值观对动机有导向作用，同时反映网民的认知和需求状况。每名网民都有自己的价值观，但有些价值观可能并不正确，因此，在面对海量的网络信息时，有些网民无法正确做出价值判断和选择。更有甚者，部分网民为了满足自身不正确的价值观，歪曲事实真相、发表不实言论，甚至造谣，以达到博人眼球的目的。此外，共同的价值取向是从众行为的重要影响因素。网民会对有着共同价值取向的网络群体产生归属感，渴望群体对自我价值的认可，并向群体的观点趋同、认同和内化群体的价值观、维护群体的价值观。当网民的价值观与群体价值观不同时，网民很可能会放弃自己原有的价值观，极力认可群体的价值观，此后，当网民遇到与群体价值观不一致的其他网民时，会不遗余力地进行否认、打击，导致网络群体不良行为的发生。

（二）心理因素

在虚拟的网络空间中，网民也需要得到认同感、归属感、安全感等心理需求的满足。当网民发现，与其他群体相比，自身处于劣势，被其他群体排斥，或者无法得到认可，心理需求不能得到满足时，会产生消极情绪，并表现出失落、不满、生气、愤怒，甚至仇恨，最终影响到网民的心理健康，从而引起网民的非理性行为，引发破坏网络空间安全的事件。从众心理也是影响网民行为的一个重要因素，从众心理指网民在网络群体中，感受到来自群体的压力，从而在言语、行为上与群体趋于一致的心理。在网络谣言传播的过程中，网民面对汹涌而至的网络谣言，会寻求群体的认可，倾向于选择相信大多数人传播的谣言，参照大多数人的观点来修改自己的看法，而不去仔细分辨和判断，导致网络谣言越传越夸张、越离谱。此外，在网络谣言传播时，网民会受到暗示、感染、模仿、顺从、强迫等各种负面心理因素的影响，无法理性分析谣言、深入了解事实真相，进而丧失对自己言行的责任感，在过激情绪的感染下，发表并不正确的见解，批评、抹黑或围攻其他网民，破坏网络空间的秩序，甚至可能将情绪延伸到现实生活中，出现影响正常生活的冲动行为。

（三）氛围因素

在网络信息传播过程中，传播者与接受者之间的相互作用会在一定时间内整合形成某种网络氛围。网络氛围有别于网络文化，网络氛围更容易被网民直接感知到，并影响到网民的心态。网络氛围是网络文化和网民心态的外显，网络氛围是否健康、是否良性，在一定程度上也反映着网络文化和网民的心态是否健康。在对网络信息进行判断时，网民更容易倾向于接受与前提类似的结论：前提肯定时，网民更容易接受肯定的结论；前提否定时，网民更容易接受否定的结论，例如"某些""全部"等词语会产生一种使网民更易接受结论的氛围。因此，不同的网络信息处于不同的氛围中，对网民的影响是不同的。当网络信息传播时，可能会出现网民出奇一致地拥护某种观点的情况，他们只是被网络气氛所感染，不由自主地被卷入，放弃自己的想法和观点，与网络舆论保持一致，形成共同的民意。但当事实出现反转，或其他重要信息得到报道，极大程度上会冲击网民的思想，打破先前的网络氛围，改变网络舆论的方向，使网络舆论难以治理。

（四）现实因素

现代社会的生活节奏快、压力大、竞争激烈，当网民在现实生活中遇到挫折、遭受意外、无法实现自身价值时，很容易将现实中压抑的情绪宣泄到网络世界中，当在网络世界遇到与自身遭遇类似的事件时，也更容易将自己的情绪、观点和想法投射到网络事件中。现实世界的遭遇极大程度上影响着网民的行为，网民更关注与自身利益相关的事件，通过评论、转发相关信息推动事件的发展，以维护和保障自身的利益。现实社会中发生的、与网民自身利益相关的事件，更容易迅速吸引网民的大量关注和热议，例如2008年汶川大地震、2015年上海外滩踩踏事故、2015年"8·12"天津滨海新区爆炸事故、2020年新冠疫情、2020年南方水灾等突发重大公共安全事件一经报道，便引发网民的大量关注和议论。

三、针对网民的行为引导策略

在发生突发重大公共安全事件时，针对网民的非理性行为，政府可以从引导网民舆论、提高网民素质、制定奖惩制度、预测网络民意四个方面入手，疏导网络舆论，及时引导网民宣泄不良情绪，对违反法律法规和威胁网络公共安全的网民进行惩罚，培养具有正确价值观的网络意见领袖，提前预测网络民意，从而合理有效地引导网民行为。

（一）引导网民舆论

在突发重大公共安全事件发生的第一时间，政府应当及时关注、积极发声、发布事件相关信息，做到信息的公开和透明，各方媒体应当真实、客观地报道突发重大公共安全事件相关信息，正确引导网民的舆论。当网络中流传与突发重大公共安全事件有关的谣言时，政府应当在第一时间辟谣，及时公布真相，澄清谣言，大力提倡网民不轻信谣言、不传播谣言，最大程度降低谣言的危害。在发布突发重大公共安全事件的信息时，政府和媒体应调整立场，避免以主导者姿态和单向传播方式向网民传递信息，否则易引发网民的对抗性解读。相反，应以平等的态度与网民互动、交流，以达成共识。政府、媒体应当培养具有正确价值导向的网络意见领袖，正面引导网民的舆论。网络意见领袖包括专家、明星等，他们的举手投足往往能够影响成千上万的网民，带动网民向他们期望的方向行动。此外，当发生突发重大公共安全事件时，政府应当积极关注网民的情绪，引导网民及时宣泄不良情绪，避免网民不良情绪的积累和爆发。

（二）提高网民素质

网络空间具有匿名、虚拟和开放性，一方面，它允许网民畅所欲言；另一方面，又弱化了网民为自我言行负责的责任感以及这些言行对现实生活的影响。因此，为营造良好的网络舆论氛围，应提高网民在网络空间生活的素质，注重网民的网络道德建设，培养网民的公共精神和公共理性。公共精神指网民在网络空间中应具有社会公德意识和社会责任；公共理性指网民以公正的理念、自由而平等的身份，以维护公理为目的，在网络空间中相互合作，以产生公共的、可以预期的共治效果的能力。有公共精神和公共理性的网民，能够主动关注网络空间的公共事务和公共利益，具有较强的自律意识和责任担当，并维护网络空间的良好秩序。同时，要加强网络伦理、网络道德和网络文明的建设，发挥道德教化的引导作用，滋养网络空间和网络舆论环境。

此外，网络媒体既是网络信息的生产者，也是传播者，不仅引导着网络舆论的发展方向，同时也在很大程度上影响着网民的行为。因此，网络媒体应当扮好网络信息责任人的角色，坚守职业道德，提高职业素养，发扬职业精神，传播客观、真实、全面、正确的网络信息，杜绝谣言、虚假信息的滋生。网络媒体还要承担起传播正能量的责任，坚持用正确的价值观引导网民，不误导网民，也不诱导网民，不为谣言、虚假信息等提供传播的途径，维护良好的网络舆论环境。

（三）制定奖惩制度

习近平主席在第二届世界互联网大会的开幕式上的讲话中指出："网络空间不是'法外之地'。网络空间是虚拟的，但运用网络空间的主体是现实的，大家都应该遵守法律，明确各方权利义务。要坚持依法治网、依法办网、依法上网，让互联网在法治轨道上健康运行。"因此，政府有关管理部门需要加强对网络信息和网民舆论的管理，营造一个健康、法治的网络舆论环境。首先，需要建立健全网络信息管理的法规体系，使管理网络信息有法可依，维持网络舆论良性发展。其次，增强官方媒体的话语权，强化对网络意见领袖的管理，打击恶意引导网民的网络意见领袖；加大对网络谣言者的处罚力度，提高网民恶意参与的成本，以达到制约网民不良行为的目的。此外，应当运用先进的网络技术手段，利用网络舆论监测技术、人工智能技术、大数据等技术，有效识别、提取、分辨网络舆论中的相关信息，从而为网络舆论监管提供技术支持，引导网民行为的良好发展。

（四）预测网络民意

预测网络民意可以帮助政府在发生突发重大公共安全事件时，及时引导网络舆论，积极有序引导民意向正面发展，疏导乃至预防网络民意向不良方向发展，为政府后续工作创造良性的网络舆论环境，为政府的决策和布局打下良好的网络民意基础，提升网民对政府工作的满意度。在发生突发重大公共安全事件后，要在第一时间了解网络民意，收集与突发重大公共安全事件相关的信息，使用网络技术手段和一定的数学模型对事件相关信息进行分析，并识别和分析网民发布的主要信息，对该事件的网络民意的发展进行预测，为政府后续的工作部署提供可参考的信息。网络民意的倾向通常有积极、中立和消极三类，当预测网络民意是正向的、积极的时，人们会肯定、支持、认可突发重大公共安全事件中政府的工作；当预测网络民意为中立态度时，网民的言论比较理性，人们不会冲动行事，对谣言也会有自己的判断和甄别；当预测网络民意是消极的、负向的，人们会批判、指责、怀疑、猜疑甚至抨击政府的工作，出现轻信谣言、从众、对抗式解读、群体极化等行为，此时便需要政府对网络舆论引导工作提前部署、改善政府工作、保证信息的公开透明，积极引导网络民意的正向发展。

第三节　突发重大公共安全事件中残障人群的安全行为引导策略

残障人群包括肢体、视力、听力、精神、智力、多重残疾人等，由于其身心存在不同程度的缺陷，当发生突发重大公共安全事件时，环境中的不安全因素与身心障碍相互作用，一定程度上阻碍了残障人群准确获取信息、自如行动、自我防护、寻找安全避难所等行为。因此，需要制定针对残障人群的行为引导策略，保障残障人群的安全。本节以突发重大公共安全事件的时间为线索，分别探索突发重大公共安全事件在预防期、发生时、结束后，可以为残障人群提供的行为引导策略。

一、预防期的行为引导策略

应对重大社会公共安全事件的管理方式包括常态管理和应急管理。一方面，重大社会公共安全的常态管理应该以预防和预控为主，提前预见可能遭遇的各种公共安全事件，源头上积极防范和控制，及时传递和发布各种安全信息，制定可行的应急处理预案；另一方面，需要提升突发公共安全事件应急处置能力，并及时总结危机处理的经验和做法，以促进应对重大社会公共安全事件的常态管理和应急管理。在重大社会公共安全事件的常态管理中，可以从宣传、演练、教育等方面入手，帮助残障人士提升对公共安全事件的认识、掌握自救的方法、培养自我保护的意识，以此促进残障人士在遇到突发公共安全事件的自我防护。

（一）开展宣传工作

在社会重大安全事件中，政府承担着主导作用，因此在事件前的预防工作中，政府应当承担主力，在责任范围内承担起领导者、组织者和协调者的角色，向残障人士宣传突发重大公共安全事件相关知识，举办突发重大公共安全事件相关主题讲座，开展突发重大公共安全事件相关的主题活动。

各类企事业单位、社会组织、志愿者和新闻媒体等公众力量是开展宣传工作的主体，在各自机构、行业、社区或媒体上发布信息，普及安全防护知识，防止谣言传播，等等。同时还应鼓励社会公众参与向残障人士的宣传，调动社会公众的积极和热情，构建多元、多层次、良性的宣传渠道，这不仅能够有效提升宣传工作的整体效果，还可以弥补政府单方面宣传工作的不足。

对在日常生活中可以接触到残障人士的企事业单位、社会组织和志愿者而言，他们是残障人士的部分信息渠道来源，可以向残障人士分享外部世界的信息，与残障人士进行交流，拓宽残障人士对安全事件的了解与认识，并帮助残障人士学习和掌握一些应对突发公共事件的方法和策略，促进残障人士自我防护水平的提升。

对于新闻媒体而言，新闻媒体应该在平时社会公共事件的总结报道、关注曾经发生过的危机事件中，注重针对残障人士的行为引导、应急处置和事后恢复情况。媒体在报道相关事件时，应当为发布的信息增加字幕、配备手语翻译，保证残障人士能够顺畅理解报道的内容。媒体可以在日常报道中，增设与突发重大公共安全事件相关的栏目，传播应急救援、逃生、急救、自救等知识，引起残障人士的重视。在进行宣传报道时，媒体应研究残障人士接受信息的行为特点，根据不同残障人士类型，选择更合理高效、更容易被残障人士接受的宣传方式。此外，媒体可以编写、宣传适合残障人士的安全教育读本，强化残障人士的危机意识和应急能力。媒体在报道时，应注意所使用的语言和言论尺度，尊重残障人士的人格、维护残障人士的尊严，避免引起残障人士的反感和排斥。

在日常生活中，应当开展与残障人士相关的主题教育活动，考虑到大多数残障人士在社区内活动，因此很有必要通过社区，向残障人士展开相关公共安全教育工作。由于社区、居委会等工作人员长期与残障人士接触，对残障人士更为了解，残障人士也对这些工作人员信赖、有好感，因此，可以通过社区、居委会等工作人员，定期、定点为残障人士讲解应对重大公共安全事故的方法、行动策略等，增强残疾人独立防护意识和自我救助能力。在各类学校中，开设公共安全相关知识的课程，促进残疾学生对公共安全知识的了解，提升残疾学生应对公共安全的意识，让残疾学生认识到公共安全的重要性，学习面对突发重大公共安全事件中的正确行为，发挥残疾学生自主防护的主观能动性。

（二）应急演练

日常的应急演练能够帮助残障人士养成在安全事件中的自我保护行为和意识，保证残障人士在突发情况下不慌乱、快速反应。在发生突发重大公共安全事件前，要对应急救援队伍和相关工作人员进行培训，提高其无障碍意识和救助服务残疾人的能力和水平。在此阶段投入必要的人力、物力和资金，将会在突发重大公共安全事件发生时起到减轻损失、保护生命安全和为后续救援、疏散工作争取时间和机会的作用。

1. 培训专业人员

需要对救援人员、志愿者、公共场合的正式员工和临时员工等进行培训，让他们了解到残障人士的生理、行为和心理特点，以及在突发重大公共安全事件发生时如何正确引导、帮助残障人士，以此促进应急救援队伍和相关工作人员引导残障人士意识的建立，提高应急救援队伍和相关工作人员应急救援能力，防患于未然。

2. 残障人士的参与

除了对应急救援队伍和相关工作人员进行必要的培训之外，也要定期、定点开展残疾人应急疏散演练，进行突发公共安全事件中残障人士行为引导的演练，提高应急救援队伍和相关工作人员协助残障人士应急避险的能力，保证培训和演练的效果。在日常演练中，应当邀请残障人群参与其中，这样不仅能够保证演练效果的真实性，也能够加快残障人士自身的反应速度，当他们面临突发重大公共安全事件时，能够有条不紊、安全有序地行动。

残障人群消防救援应急演练

为进一步增强残疾人消防安全意识，提高残疾人消防安全逃生自救和处置初期火灾的能力和技巧，2018年11月12日下午，四川省成都市青白江区残联组织残疾人家庭代表、助残社会组织及物业管理公司，在青白江区残疾人综合服务中心开展消防救援应急演练。本次消防演练从16:00开始，主要包括消防紧急疏散、灭火演练、消防知识普及、消防安全检查等内容。演练中，模拟楼栋起火后，火警警报声立即响起，在残疾人综合服务中心工作、学习、康复训练的残疾人及工作人员赶紧从大楼撤离，有序地往安全通道逃跑，整个演练过程无踩踏、无摔跤，所有人员都以最快的速度集合。随后，义务消防员为大家普及了消防的相关知识和注意事项，讲解了灭火器的使用技巧，并让每个人都切实感受了一次真正的灭火流程，提高了人们火灾防控能力和突发事件应变能力。

（三）无障碍建设

无障碍指一切与衣食住行有关的公共空间以及建筑设备、设施等，都能够充分服务有生理损伤或缺陷的人和正常活动能力衰退的人（如残障人士、老年人等），营造一个安全、方便、舒适的生活环境。无障碍包含两个层面的建设，即无障碍设施和信息无障碍。

政府应健全无障碍设备、设施建设的法律法规，制定无障碍应急疏散和紧急避险设备设施的标准。在建设公共场所时，应当加强建设无障碍电梯、无障碍楼梯、无障碍通道、无障碍出入口、轮椅坡道、升降平台、无障碍标识等，并重视后期的运营和维护，保证在突发重大公共安全事件期间，残障人士能够正常使用无障碍设施。在医院、集中安置、临时安置的场所中，宜按照国家规范配置无障碍设施。在公共交通系统中，为方便残障人士出行，宜设置无障碍公交车、无障碍出租车等公共交通工具，并保证在发生突发重大公共安全事件时，上述公共交通工具均可使用。

信息无障碍指任何人在任何情况下，都能平等地、无障碍地获取和利用信息。互联网的虚拟性和超越时间空间的特性，极大程度地方便了残障人士获取信息，但互联网信息的呈现方式、来源、内容等可能存在不方便残障人士理解、对残障人士产生误导、不适合残障人士的情况。因此，应当为残障人士提供有针对性的内容、开发辅助残障人士获取信息的系统和软件，并鼓励残障人士经常使用互联网，进行在线交流。

视障人群专属"新冠防护无障碍通道"

2020年初新冠疫情发生后，对于信息传递和获取不便捷的残障人士而言，信息无障碍建设显得更加迫切和必要。普通社会大众可以通过互联网第一时间了解到有关疫情的相关信息，但对于信息获取最为困难的视力障碍群体来说，这些信息大多以图像展示，再加上应急发布的部分软件没有做到信息无障碍，即使借助读屏软件，依然很难第一时间且精准地获取相关信息。郑锐是一名视障者，他联系了团队里几位会软件开发的视障伙伴，决定做一个可以无障碍操作的疫情查询小程序，搭建出一条互联网上的"无障碍疫情防护通道"。2月4日，一名健全的工程师辅助他们绘制出小程序的原型，几位视障工程师根据设想负责开发对应的模块和功能，收集视障人士的反馈，预计开发出视障人士最关注的六大模块，包括疫情数据、同行查询、疫情科普、较真辟谣、心理咨询、发热门诊。开发的宗旨就是完全满足视障人士的操作要求，针对低视力群体开发了颜色反转功能，每一个功能、交点和文本都完全按照无障碍标准开发，同时保证使用读屏软件的视障者的易用性。在2月9日，这款名为"新冠防护无障碍通道"的小程序上线了。了解到很多视障人士疫情期间心态比较慌乱，他们接着开发了心理咨询功能，并联络了3家做心理咨询的公益机构为残障群体免费提供咨询服务。他们将小程序在视障人士活跃的论坛、微信群、QQ群等渠道进行推广并指导大家使用，短短几天时间就有超过1万的视障人士使用该小程序。有视障人士反映，通过无障碍的小程序，他了解到专业的消毒知识，之前在家里到处喷酒精的做法是不对的，过度消毒还可能会引发火灾。虽然此次疫情已经过去，但无障碍意识和无障碍建设不能被忽略。

二、事件发生时的行为引导策略

重大社会公共安全事件发生时，正确的行为引导，能够最大限度地降低安全事件带来的经济损失、人员伤亡等。当社会公共安全事件发生时，应当迅速启动对残障人士的应急救援，保证残障人士的人身安全，并在救援过程应用先进的科学技术，提高救援工作的效率。残障人士也应当注重自我防护，保护好自己的人身和财产安全，学会鉴别虚假信息和谣言，避免受到不良信息的负面影响。

（一）应急救援

政府管理部门应当迅速、准确地启动应急救援工作，派遣专业救援队伍、掌握最新救援信息、调动救援物资，以保障残障人士的人身安全。一方面，政府管理部门应当搜集、分析和管理突发重大公共安全事件中的信息；另一方面，政府管理部门应当根据掌握的信息及时实施合理的应急救援措施，并向社会大众分享这些信息，做到信息公开化、透明化。政府管理部门应当通过语音、手语、图片等无障碍的方式发布信息，以确保残障人士能够及时获取相关信息；媒体在报道突发重大公共安全事件时，应增加字幕、设置手语翻译，保证残障人士能够准确了解报道的内容。在公共场所应当设置语音、字幕等提示设备，确保残障人士无障碍获取信息。

虽然政府管理部门拥有较为充足的公共资源，但也有可能由于事发突然、时间紧急、决策失误等因素使应急救援处于低效、失灵的状态。此时，政府管理部门应向社会公众公布安全事件相关信息，借助媒体的力量，引导社会公众的舆论，营造良好的公共安全事件舆论氛围，鼓励各救援机构、公众组织参与到救援工作中，将社会公共安全事件带给残障人士的伤害降到最低。

政府管理部门应当强化应急机制的建立，一方面，应针对残障人士自身的特点，在应对公共安全突发事件的情况下制定残障人士公共安全应急救援策略，设置合理的逃生救援路线，并保证残障人士能够及时了解和获取救援、逃生路线信息；另一方面，则需要在日常做好残障人士应急救援预案的培训、演练和物资储备，确保面对突发事件时救援工作的顺利展开。

长宁县残联慰问地震受灾残疾人

2019年6月17日22时55分，在四川省宜宾市长宁县发生6.0级地震，震源深度16千米，宜宾市长宁县、翠屏区、叙州区残联积极开展地震应急救援工作。灾情发生后，长宁县残联高度重视，立即启动应急预案，班子成员迅速前往震中地带和联系乡镇，实地察看灾情，看望慰问部分受灾的残疾人。此外，各乡镇残联专干及村残疾人专委也迅速投入到灾情核实、看望慰问受灾群众和抗震救灾工作中。同时，与各乡镇残联联系，要求他们在抗震救灾过程中及时了解残疾人家中是否有房屋破损、人员受伤等情况，积极为受灾群众提供生活基本所需，并配合应急部门做好各项救灾工作。灾害发生后，区残联党组书记紧急组织召开翠屏区残联地震应急救援工作安排会。一是迅速成立翠屏区残联应急救援工作小组；二是强化值班值守，做到不缓报、不瞒报；三是做好应急救援准备，保证物资充沛，随时参战。叙州区震感强烈。地震发生后的第一时间，叙州区残联对残联办公区域受灾情况进行了排查，要求全体工作人员做好救灾准备。同时，立即与乡镇（街道）、村（社区）取得联系，要求他们通过电话、微信等方式了解残疾人家中是否有房屋破损、人员受伤等情况，对全区残疾人受灾情况争分夺秒地开展排查、统计、汇总，并将情况及时报市残联及应急管理局。区残联也将此次受灾受损情况，纳入残疾人民生事业和民生服务项重要内容，减轻残疾人士负担。

（二）现代科技的应用

在突发重大公共安全事件发生时，充分发挥科技的力量，应用现代先进的科学技术，可以起到事半功倍的效果。大数据技术是通过对数据的分析、评估、归纳和挖掘，探究事物内部各要素和各事物之间的关联性，感知事物现状、预测事物发展趋势、总结事物发展规律。依据大数据对残障人士行为习惯、心理特点的分析，可以制定适合残障人士的救援策略，开展更适合残障人士的救援工作。

应基于地理信息系统绘制服务于残障人士的公共安全地图，在发生突发重大公共安全事件时，帮助残障人士识别安全区域、找到安全逃生路线。公共安全地图可包括散点图、密度色温图等专题地图。散点图分类呈现治安、交通、消防等公共安全事故的空间分布状况；密度色温图以街道、社区、网格、路段等为地理单位，通过色温深浅呈现出各类事故的高危热点区块。GIS 技术还可集成各种城市空间、人口、经济、社会因素的地理信息，与突发重大公共安全事件进行空间相关性分析，为进一步预测预警预防提供决策参考（单勇，2018）。此外，应当研发突发重大公共安全事件发生时，适用于残障人士的软件和手机应用，辅助残障人士安全、便捷地行动。

残疾人鲜敏研发植保无人机高效消毒

重庆市残疾人企业家协会副会长鲜敏，年幼时因小儿麻痹症导致肢体残疾，走入社会后她创办了重庆芸中鹰科技公司和科普义工团队。在新冠疫情突发的情况下，她积极响应重庆市残疾人企业家协会的动员，多种渠道采购物资，并发挥芸中鹰公司无人机优势，为部分村社区实施无人机喷洒消毒服务。在与当地政府部门对接后，由辖区疫情防控人员引导，到巴南区的石龙镇、石滩镇、接龙镇、双新小学等，在昔日的人流密集活动区域进行消毒作业，飞防人员完成作业30架次，共计消毒面积约40万平方米。本次行动采用芸中鹰自主研发的植保无人机用于消毒作业，1小时就可喷洒6万平方米，让劳动效率提高了几十倍，使用的消毒液由重庆市残疾人企业协会提供。

（三）康复服务和居家防护

在发生突发重大公共安全事件时，残障人士将面临更大的困难。比如，在新冠疫情防控中，按照抗击疫情的要求，全体居民居家隔离，这导致残障人士无法参加日常的康复训练，行为不便的残障人士身体不适时不能及时就医，部分残障人士难以取得需要的药物。因此，在发生突发重大公共安全事件时，各地康复中心、康复机构应组织康复师、医师开展线上康复指导、远程视频服务、专业康复视频课程等，对残障人士的居家康复、健身锻炼进行指导，并在指导结束后，对残障人士的康复情况进行电话回访，要求残障人士的陪护人员上传残障人士的康复视频，了解残障人士的康复情况。在公共场所，应为残障人士提供轮椅、拐杖等康复辅助器具租赁服务。为残疾人适配、修理康复辅助器具的机构不宜停止服务，可结合线上线下提供灵活的支持服务。

在发生重大传染疫情时，残障人士需进行居家防护，在居家防护的过程中，残障人士应当注重养成良好的卫生习惯，及时清洁、合理消毒、保持通风，及时关注自身和家人的身体状况，按期服药、保持规律生活，重视自身和家人的情绪疏导，避免紧张、焦虑、抑郁等负面情绪，在必要时寻求专业人员的帮助。当地政府或社区应及时关注残障人士的动态，在第一时间了解残障人士及其家属的信息，在残障人士及其家属需要帮助时，提供必要的支持，如及时向残障人士及其家属通报信息，为其补充疫情物资、生活所需品及必需药品，掌握残障人士及其家属的身体健康状况，为无人照顾的残障人士寻找适合的照料者，及时关注残障人士及其家属的心理健康，并为其提供心理健康服务。

（四）媒体报道

在发生突发重大公共安全事件时，为帮助残障人士更好地了解和获取安全事件的信息，媒体应当加大宣传的强度，利用影响力较大的平台推送信息，如微博、微信公众号等，及时报道事件的最新消息，并严格审核报道内容，保证内容的有效性和真实性。媒体在推送突发重大公共安全事件相关信息时，应提供文字、语音、动画或者手语视频等无障碍版本，便于残障人士及时获取信息；在通报重要、紧急公共安全事件时，应提供手语翻译或字幕服务，便于残障人士及时了解情况。发布突发重大公共安全事件的网页、手机应用等互联网设备设施宜符合《信息技术互联网内容无障碍可访问性技术要求与测试方法》（GB/T37668-2019）。在新冠疫情防控中，残障人士由于无法及时、准确地获取新冠疫情诊断方法、传播途径、治疗方法等最新情况，导致其不了解疫情，甚至选择相信一些不实信息。面对这种情况，残障人士应当主动学习科学防护知识，消除恐慌焦虑情绪，关注官方信息，从官方渠道获取关于社会突发重大公共安全事件的信息，关注权威媒体，学会鉴别虚假信息和谣言，做到不轻信谣言、不传播谣言。

三、事件结束后的行为引导策略

在突发重大公共安全事件结束后，应对整个事件进行全盘回顾，盘点整个事件中不足之处和有益的做法，为日后的日常预防工作提供改进意见，并吸取在突发重大公共安全事件中保护残障人士的经验和教训，为保护残障人士的人身安全、财产安全和自身权益提供正确行动指南，以达到更好地保护残障人士的目标。

（一）事后复盘

利用大数据、物联网、云计算、人工智能、虚拟现实等最新技术，对已结束的突发重大公共安全事件中，残障人士、救援人员、志愿者等人群的行为模式进行模拟，以发掘和分析各类人群的行为特征、行动路线、行为习惯。对人群的行为模式进行总结、提炼，为相关部门制定更有效、更符合实际情况的应急救援方案提供依据，为专业救援队伍和志愿者提供可参考、更高效、更合理的救援方案，为残障人士提供更切实可行、安全便捷的行动路线，并对未来可能存在的突发重大公共安全事件风险进行预测。在社会安全方面，政府可通过手机等工具来挖掘、分析大数据，对社情民意做出及时和负责的反应，主要是通过对手机轨迹数据进行挖掘，对动态的流动人口来源、出行、交通客流信息及拥堵情况进行实时分析而完成的。利用短信、微博、微信和搜索引擎，可以收集热点事件，挖掘舆情，还可以追踪造谣信息的源头，进而达到有效应对的目的（李明，2014）。

（二）恢复正常生活

在突发重大公共安全事件结束后，残障人士的生活将面临诸多的困难，需要政府和社会各界为残障人士提供帮助和支援，使残障人士度过事件结束后的困难期。例如，突发的新冠疫情导致很多残障人士停止工作，安置残障人士就业的企业停工减产，甚至面临倒闭的风险，这些导致残障人士收入降低、生活困难、难以维持生计。政府应当为处于困难中的残障人士提供补贴，保证残障人士的基本生活，鼓励社会各界向残障人士提供力所能及的帮助。在突发重大公共安全事件结束后，残障人士也会出现诸如焦虑、抑郁、强迫等心理症状，政府、康复中心、社区应当向残障人士提供相应的心理服务，包括心理咨询、讲座、培训、团体治疗等，帮助残障人士调节心理状态，提高残障人士的心理健康水平。

第八章　突发重大公共安全事件行为管理制度

　　尽管政府部门、社会组织、企事业单位都有一定的突发安全事件应对预案与应对措施，但并不能完全避免重大公共安全事件的发生。作为预防手段，事件发生前，可以扩展意见征集通道，并对可能产生的危机事件提前进行预案。预案中相关部门要尽可能地将应对措施的责任定位到具体部门。事件发生后，现场指挥部被赋予全部权力，管理人员在广泛听取各方意见后，要保持清醒的头脑，果断做出决策。因此，在确保决策者对公共安全负责的同时，也应该给予他们更加宽松的决策环境，必要时也可依据目前现有的应对方案，具体问题具体分析，创新应对方式，更好地保障人民健康安全。对此，应建立健全突发重大公共安全事件中的行为管理制度。

第一节　意见征集制

　　意见征集是指对某一群体看待某一事件的态度以及建议进行有效收集和处理，包括意见收集、有效信息筛选、相关反馈在内的一整套工作流程。为了提高意见收集过程的效率和完备性，在意见收集过程中，不同阶段开展形式的确立应当和所处时期相契合，最大程度地服务于后期行为管理制度的制定。

一、意见征集渠道

1. 实体意见征集处

实体意见征集处主要是指通过设立相关实体部门或意见征集处，以便个体能够随时反馈意见和建议。如信访接待处或是公告栏附近的意见箱等，这一方式比较适用于那些不太愿意通过网络方式提意见的群体，同时，在信访接待处通过与服务人员面对面地提出建议，也可以让个体能够清楚地表达自己的想法和建议。

2. 网络电子意见箱

随着网络的普及，电子化形式的意见箱也在逐渐盛行。设置的具体形式可以是多样的，如企业邮箱等，目前随着微信等社交平台的兴起，多样化的方式也都可以充分利用。这种方式的好处是便于意见反馈者随时随地提意见，但是一般通过网络渠道的都会匿名，对于后期调查真实性、追根溯源存在一定困难。

3. 民主沟通会

无论是实体信箱还是电子版信箱，都可能存在时间差，所以举行民主沟通会，让个体在会议中畅所欲言，更能使意见的收集和处理都具时效性。这种形式主要适用于小规模的群体，并且对群体的氛围有一定的要求。

4. 专题意见收集

通过无记名的方式，以调查问卷的形式征集公众的意见，但这种方式操作的前提是要明确征集内容的主题。最好不要将完成时间限定在某一个时间点，而以一个时间段为期限，公众也可以在一定的时间段内进行反思、思考。

二、意见处理流程

1. 有效意见筛查

有效意见筛查是意见处理的第一步，是指对所收集意见进行分类筛选，归纳出有效或是值得讨论商榷的意见。为了保证意见处理的公平性，同时尽可能地筛选出有价值的意见，避免有效建议的流失。一般由相关部门任命意见处理小组，对所征集意见进行处理，筛选出合理的部分。

2. 集中讨论

集中讨论是意见处理的第二步，是指相关部门人员针对筛选后的有效意见开展集中讨论与分析。在讨论过程中，可以请有关专家给出相关意见，结合具体情况决定是否采纳。

3. 意见处理公示

在经过研究讨论之后，对于最终选择采纳的意见要进行公示，保证公平、公正、公开。

4. 意见反馈程序

意见反馈主要是针对个体的部分疑问开展相关解答与反馈，意见反馈可以通过设置网络答疑平台，定时对公众的疑问尽心解答，也可以设立线下的实体服务部门，面对面地回答公众的问题。这一工作的主要目的是保证相关工作的公开化、透明化，以便公众可以随时了解有关部门的工作进展。

江苏立法首次反馈对公众意见采纳情况

2015年3月，江苏省政府提请省人大常委会初次审议了《江苏省人民调解条例》，并在7月31日省十二届人大常委会第十七次会议上高票通过。江苏省人大法制委行政法处处长陈志红说，在4个月的调研修改过程中，他们采用书面征求、座谈等形式，共有80多位公众代表提出371条意见和建议，"我们全部进行了记录、整理和汇总，梳理后分为制度设计类10个专题和立法技术方面两大部分"。最终，依据公众意见，对条例中的24个条文进行了修改。

反馈会上，江苏省人大有关负责人对条例修改和意见采纳情况一一说明。听到自己的意见被采纳，泰州市医药高新区野徐镇党委副书记胡万贵很感慨，"听取民意不是走形式，我们不仅提了意见，还知道了采纳过程和结果，这是科学民主立法迈出的一大步"。此前，胡万贵曾建议条例草案中对于鼓励、支持人民调解工作的主体，不应仅仅是县级以上地方人民政府，还应当包括乡镇人民政府。后来，修改后的条例第六条就规定地方各级人民政府都应当鼓励、支持人民调解工作。

三、对公众意见的不予理睬可能带来公共安全隐患

不予理睬，也叫消退（extinction），是指在特定情境中，行为者出现以前被强化的行为，如果这个行为之后并不跟随着通常的正强化物，那么以后在类似情境下，该行为的发生频率就会降低，即当每次行为出现时，预期的正强化物并没有出现，反复多次后，行为者就会取消该行为。意见消退是指有关部门对于公众意见反馈的不及时或不理睬，导致对公众积极提供意见的行为产生消退效果。

公众的意见往往代表着现实生活最值得关注的问题，而部分问题甚至可能演变成为突发重大公共安全事件，因此对于公众意见的反馈就意味着对于社会公共安全事件的关注，对意见的消退则可能产生突发重大公共安全事件的隐患。疏于对公众意见的处理和反馈，可能会对公众提供意见的积极性造成挫伤，其预期的回复或反馈未能满足，在未来可能就会减少甚至取消提供意见的行为。

对于公众所提出的相关意见或疑问，管理部门要进行及时的回应与答疑，加强与公众之间的联系，对可能发生的突发公共事件进

行预处理，以便防患于未然。缺乏或疏于意见反馈，不仅会增加突发公共安全事件的可能性，同时也会对公众提供有效意见的行为产生消退影响。

第二节　首问责任制

一、首问责任制简介

首问责任制是针对群众对机关内设机构职责分工和办事程序不了解、不熟悉的实际问题，采取的一项便民工作制度。制度规定群众来访时，机关在岗被询问的工作人员即为首问责任人。要求首问责任人对群众提出的问题或要求，无论是否在自己职责（权）范围内，都要给群众满意答复。对职责（权）范围内的事，若手续完备，首问责任人要在规定的时限内予以办结；若手续不完备，应一次性告知其办事机关的全部办理要求和所需的文书材料，不要让群众多跑或白跑。对非自己职责（权）范围内的事，首问责任人也要热情接待，根据群众来访事由，负责引导该人到相应部门，让来访群众方便、快捷地找到经办人员并及时办事。对不遵守首问责任制，造成不良影响的工作人员，要给予相应处理。

二、首问责任制的要求

为了进一步促进有关部门的行政效能建设，改进工作作风，提高工作效率，保证服务质量，确保群众满意，对首问责任制度提出以下工作要求。

1. 明确首问责任人

有关人员向相关部门咨询，第一位接受询问的部门工作人员即为首问责任人。

2. 树立良好的工作态度

首问责任人要热情接待来办事的人员，负有为其服务的责任，必须做到使用文明、规范的用语；耐心听讲，认真受理，服务周到，办理事项若不属于接待人员职能范围的，首问责任人要耐心给予解释。

3. 确立工作人员职责

属于首问责任人所在处室职责范围的事项，要按有关规定及时接洽，能马上办理的即予办理，不能马上办理的，应耐心说明情况；不属于首问责任人所在处室职责范围的事项，首问责任人要负责向对方明确地告知有关承办处室。

4. 加强部门联系

属于业务不明确或首问责任人不清楚承办部门的事项，首问责任人要及时与办公室联系，帮助落实有关承办部门。对群众提出的问题或要求，无论是不是自己职责（权）范围的事，都有责任和义务给群众一个满意的答复。

5. 落实相关信息登记

有关人员来电话反映情况或举报的，接听电话的机关工作人员为首问责任人，首问责任人应将来电内容、来电人姓名、联系电话等登记在册，转办公室或有关部门办理。来电话咨询的，接电话的工作人员为首问责任人，属于本人业务范围的，应认真负责地回答；属于其他部门业务范围的，应将相关的电话号码告知来电人。部门机关工作人员接答电话都应热情礼貌，并尽可能地回答问题。

6. 及时回访并补办

对群众的投诉、报案、举报的问题或由其他单位、部门经手办理的事项等，一时无法做出明确答复的情况，要认真做好登记工作，并及时查询落实，主动向群众做好解释工作和反馈工作，让群众满意。

三、突发重大公共安全事件中首问责任制的应急处理

针对已经造成或者可能造成严重社会危害，需要采取应急处置措施予以应对的自然灾害、事故灾难、公共卫生与社会事件等一系列的突发重大公共安全事件，设立首问责任制度应急处理预案是必不可少的。针对突如其来的社会事件，落实首问责任制度能够保证社会秩序的稳定，并提高办事效率。在实施过程中，首问责任制度可以根据现实需要进行灵活调整与布置，以适应具体情况。

1. 首问责任制与第一责任人制度并举

第一责任人制度是指以某一工作项目或任务为导向，对该项目或任务进行安排布置、跟踪汇报和相关工作人员及部门进行考核、责任追究并对该工作或任务的结果负责的制度。与首问责任制相比，第一责任人制度将工作的被动变为主动，第一责任人需要主动去核实所负责群体的整体情况，并持续开展督查工作。在面对突发重大公共安全事件时，由于事件的突发性，管理人员可能会产生权责不清楚、工作目标不明确的情况，因此将首问责任制与第一责任人制度相结合，将工作内容与责任细化，设置管理岗位第一责任人与领导岗位第一责任人，各司其职，能够有效地避免突发事件造成的社会秩序混乱，同时也能够提高处理突发事件的能力。

2. 落实各部门横、纵向沟通

落实首问责任制度，切实解决突发公共安全事件所带来的消极影响，单靠单个部门或几个工作人员是远远不够的，还需要相关部门之间的相互配合，加强横向和纵向的沟通与联系，以形成合力（蓝佳栋，2011）。

从横向来看，服务部门之间必须保持信息畅通，由专门的工作人员负责沟通，在遇到重大问题时，部门负责人要亲自进行处置和协调，以保证问题能够及时有效地解决。从纵向来看，服务部门、管理部门、监督部门以及领导部门必须保持日常的工作联系，按时

开展工作总结汇报，同时明确各部门职责，点和线的联系必须畅通，不得出现断点、断线的情况。

3. 制定和完善首问责任制考核细则

严格的工作纪律和考核问责是首问责任制准确落实的重要保证，制定考核细则旨在使首问责任制工作落到实处。首问人一旦违反工作要求，群众对处理结果不满意而发生投诉或在规定时间内未将相关问题解决，经监督部门核实之后，将对其进行相应的问责处理。

第三节　具体行为管理制度

行为管理是一种通过提高个体各方面表现和发展个人与群体能力，从而带来持续性成功的战略性、整体性的管理程序。行为管理并不是一个目的，而是一种方法：通过在一个公认的计划目标、标准、能力要求的框架中去理解和实施管理行为，进而使整个群体或个人得到更好地发展。同时，行为管理也是一个过程：对目标达成共识，用一种增加达到短期和长期目标可能性的方法来管理和发展人们。

一、限额制与零容忍制

限额制与零容忍制又称区别强化制，区别强化（differential reinforcement）是指个体在一特定时间内，某种行为发生次数减少时，才得到强化，直至行为不出现或出现次数减少到可接受范围。区别强化是一种可以减少行为的间歇强化法，又可分为低比例区别强化、零反应区别强化与不相容行为的区别强化。

（一）限额制

限额制，也叫低比例区别强化（differential reinforcement of low rates，DRL），是指只有当行为不超过一定次数时才给予奖励，并且逐渐降低规定的次数标准。例如民航局对于民用航空公司因自身原因导致延误的专项治理中要求对航班正常率排名后20位、航班正常率在50%以下的国内航班进行内部警告通报，同时对航班延误4小时以上，因航空公司飞机调配和自身服务等方面原因引发群体性事件，造成重大社会影响的，取消该航班本航季时刻，并不再受理下一航季航班时刻的申请。

低比例区别强化适于可以以较低次数发生的行为，或行为较严重，还无法立即解决的情况下，先容忍其存在，只要能够比过去有所改变就给予强化，然后逐次递减。在准备减少行为时，要有耐心，对行为的反弹现象要正确处理。如果采用严格禁止的方法反而会走向反面，那也不是人们所希望的，因此可以采用低比例区别强化，将这些行为先降到可接受的范围，也就相当于不仅要规定行为的上限，还应确保行为在下限以上。

道路安全违法行为计分制度

为规范驾驶行为，确保道路交通安全，依据《机动车驾驶证申领和使用规定》（公安部139号令），对驾驶员的道路交通安全违法行为实施记分制度，规定累积记分周期为12个月，满分为12分，从机动车驾驶证初次领取之日起计算。依据道路交通安全违法行为的严重程度，一次记分的分值为：12分、6分、3分、2分、1分五种。机动车驾驶人在一个记分周期内记分未达到12分，所处罚款已经缴纳的，记分予以清除；记分虽未达到12分，但尚有罚款未缴纳的，记分转入下一记分周期。一次记分12分以下的情况即属于低比例区别强化，表明在严格管理的同时给予驾驶员表现良好行为的机会。总的倾向是鼓励越少违规越好，对于轻微的道路交通安全违法行为给予一定的容忍度。而又通过记分方式，确保道路交通安全违法行为不至于太频繁和严重化。累计记分达到12分的，公安机关交通管理部门将依法扣留其机动车驾驶证。此外，符合规定要求的记分在记分周期满时可以被清除，符合区别强化对于行为发生的时间周期要求。通过记分规则，可以使驾驶员努力减少违反道路交通安全规则的行为，从而得到自我满足和驾驶机动车本身带来的正强化。

（二）零容忍制

1. 零容忍制的概念

零容忍制，也称为零反应区别强化（differential reinforcement of zero responding，DRO），是指对于不能容忍的行为，要求在规定的时间段内，行为发生次数为零时（即不发生）才能得到强化。在实践中，规定生产的产品达到"零缺陷"要求、对于高风险行业要求在规定期间内人员"零死亡"、对于腐败行为的"零容忍"，都符合零反应区别强化的原理。

零反应区别强化对行为的要求更严格，即在规定的时间内，目标行为不出现，才能得到强化物，如果时间未到而表现出了该行为，则需要重新计时，使下次强化的机会被相应推后。

零反应区别强化有两种用途：一是可以作为低比例区别强化取得成效后的进一步工作，对于原来发生频率特别高，无法在短时间内降低的行为，可以先采取低比例区别强化降低行为的发生频率，待行为稳定在1—2次的极低水平时，再进一步严格要求，使不需要的行为彻底消除；二是对于极端的行为、不能容忍的行为、严重的问题行为等应采取严格禁止的态度，因而提出的行为目标是零。

2. 应用零反应区别强化的要求

在规定时间内严格控制行为。所谓零反应区别强化可以看作是低比例区别强化的特例，而其对行为的要求更为严格，在规定的时间段不能出现，这样可以严格控制住行为。在行为比较频繁时，可以先采取低比例区别强化的策略。如果基线阶段的行为处于较高水平，很难消除，可以先采取低比例区别强化进行过渡，当行为降低到合适的较低水平后，可以维持一定时间，最后再用零反应区别强化彻底消除这个行为。

（三）负面清单制

1. 负面清单制的概念

负面清单制，也称为不相容行为的区别强化（differential reinforcement of incompatible responding，DRI），是指在同一时间，有的行为不能同时并存，具有不相容性质，则可用一好的行为来取代不良的行为。两种行为彼此对立，它们不会同时发生，则这对行为被称为不相容行为。如在社会治理和经济建设中的负面清单制度，对于在负面清单目录里的投资、社会行为等严格禁止，允许开展的经济、社会行为与负面清单中禁止的行为之间就是不相容行为的关系。例如国务院在发布的《国务院关于实行市场准入负面清单制度的意见》中明确指出：对禁止准入事项，市场主体不得进入，行政机关不予审批、核准，不得办理有关手续。这一要求就明确规定了市场主体所不能涉入的领域，对于维护稳定的市场秩序有着重要的促进作用。

2. 不相容行为区别强化应用的要求

首先，要确保行为的不相容性，如果仅仅列出几条禁止行为，实际上很难避免出现相容的问题行为，这就需要在提出要求时要给予明确的界定，使行为者非此即彼，不能有多个可以替换的行为出现，有时也需要行为管理者作为有心人，平时多积累有关案例，这样在遇到实际问题时才能够做出准确的选择。其次，在已有的行为中选择替代问题行为的不相容行为。这是为了避免重新学习行为导致对问题行为的控制失去时效性。最后，防止对相容的不良行为进行强化。如果不了解相容行为的原理，当管理者只看到行为好的一面时，会忽视其另外一面，这时给予强化，等于对另一个潜在的问题行为给予了支持，进而产生消极后果。

宁德核电厂运行失误事件

2020 年 6 月 20 日 14 时 59 分，宁德核电厂 1 号机组处于换料停堆模式（RCS），按计划执行安全壳喷淋和隔离阶段 B 综合试验（T1EIE001）。在 A 列手动隔离阀 1RRI039/060VN 未恢复开启的情况下，运行人员执行了程序外的操作，远控关闭 B 列电动隔离阀 1RRI040/059VN 导致乏燃料水池失去冷却，当 15 时 8 分运行人员发现在线异常后重新开启 1RRI040/059VN 恢复了正常冷却，至此中断 8.5 分钟，违反了宁德核电厂运行技术规范中"PTR 系统两列必须可用，其中至少一列运行以保证乏燃料水池的冷却"的规定。

整个运行事件过程中，乏燃料水池温度由 30.85 ℃上涨至 30.95 ℃，满足运行技术规范的温度范围要求，各控制系统响应正常，反应堆处于安全状态，三道屏障完整，无放射性释放。

根据《核电厂营运单位报告制度》准则 4.1.1"违反核电厂技术规格书"要求，此事被界定为运行事件。事后，国家核安全局要求各核电厂营运单位汲取本次运行事件经验教训，强化换料停堆模式下的综合试验管理，采取有效措施避免运行人员操作错误而导致的类似事件。

巴基斯坦航空公司空难事件

2020 年 5 月 22 日，巴基斯坦国际航空公司（PIA）一架空客 A320 飞机在接近卡拉奇机场时，两个引擎都失灵，随后在附近一个拥挤的居民区坠毁。除 2 名幸存者外，机上 97 名乘客和机组人员均于事故中丧生。据法新社报道，巴基斯坦航空部长古拉姆·萨瓦尔·汗（Ghulam Sarwar Khan）6月24日在议会上宣布了坠机事故的初步调查结果，并进一步表示：飞行员在试图降落飞机时一直在讨论新冠病毒，并脱离了飞机的自动驾驶状态。法新社援引报告发现，这架失事飞机是在没有放下起落架的情况下开始接近跑道，并且飞行高度是原本应该所处高度的两倍还多。此外，报道称，飞行员和空中交通管制员忽略了标准的飞行操作程序，从而导致了一次严重损坏飞机引擎的失败着陆。而这架飞机在试图第二次着陆时发生坠毁，坠入了卡拉奇机场附近的一个居民区，造成大约29栋房屋受损。

此次事件一方面是由于飞行员和空中交通管制人员都没有遵守行为准则，另一方面是由于航空公司未能制定严格的要求准则来约束飞行人员的相容行为，如飞行员一旦在飞行期间谈论与飞行无关的内容则给予严重处理等。飞行员驾驶飞机与聊天本是相容行为，而这种相容行为对驾驶飞机的注意力产生了影响，从而造成了空难。针对这一问题，航空公司只有通过制定相关要求，将工作人员相容行为转变为不相容行为，以提高工作的专注度，从而有效提高飞机的安全运行水平。

（四）行为管理中的误用

1. 无意中以低比例对待良好行为

有时行为管理者更容易看到发生频率高的问题行为，而忽略发生频率较低的良好行为，这样无意中造成以低比例区别强化对待良好行为。相反，对于问题行为却予以更多的关注。

2. 误将合理的行为彻底消除

2003年发生的"非典"让人们形成了多洗手可以预防病毒传染的理念。正常的洗手是没有问题的，但是，如果有人老担心自己的手不干净，做了任何事情后都去洗手，每次都花很长时间，反复涂抹洗手液，唯恐手上沾染了病毒，这就变成了强迫洗手的问题。要纠正这样的问题，不能太极端。如果采取一种手段，让强迫洗手的人厌恶洗手行为，结果就走向了对立面——新的问题是他一直不洗手。这就是该用低比例区别强化而误用了零反应区别强化的结果。

3. 误用相容的行为

所谓相容的行为是指，在同一时空条件下，可以同时出现的行为。而不相容的行为则是在同一时空条件下，不可能同时出现，具有非此即彼的特点。在解决问题行为时，最好选择的行为是具有不相容性质的行为，这样替代行为的出现就自然可以防止某种不良行为的同时出现。

4. 递减速度过快导致失败

区别强化针对的问题行为往往有较高的行为发生频率，试图一下子将高频率的行为降到很低的频率或者彻底消除，其结果往往是欲速则不达，这就是递减过快导致区别强化策略不成功。

5. 应该消除的行为维持在低水平上

倡导低比例区别强化并不是针对所有行为都一刀切，而是根据行为的严重程度和发生频率，采取先用低比例区别强化降低行为发生率，再过渡到零反应区别强化的递进措施。而对于一些危险行为，不能允许行为发生率慢慢降低，而是需要坚决阻止，那就应该选择使用零反应区别强化，严格限制住不符合要求的问题行为出现。而常见错误应用就是，矫正者一味照搬低比例区别强化的策略，不考虑具体行为是否具有危害性或可能带来严重后果，导致意外事故的发生。

二、保持社交距离制度与隔离制度

（一）保持社交距离制度与隔离制度的概念

保持社交距离制度是指在特定背景下，对个体间社交的物理距离进行限制，或对特定人群的行动轨迹进行控制的制度。该制度要求不同层级的管理者要明确保持社交距离的细则，同时应提前做好应急预案，避免因保持社交距离而导致的拥堵等突发情况。保持社交距离的方法有很多，例如在流行性病毒高发期，限制公众在排队时的物理距离不得低于1米，以避免病毒的传播。此外，健康监测也是限制社交距离的一种手段。

隔离制度是指将不同个体在某一时间段内从空间上分隔开来，同时减少或断绝接触往来。隔离可以分为医学隔离、保护隔离和居家隔离等。医学隔离是将处于传染病期的传染病病人、可疑病人安置在指定的地点，暂时避免与周围人群接触，便于治疗和护理；保护隔离是指将免疫功能极度低下的易感染者置于基本无菌的环境中，使其免受感染，如器官移植病区等；居家隔离是指病情相对轻微或无症状的个体无需住院，通过居家以减少与外界的接触，从而避免感染他人或被他人感染。

（二）隔离制度的应用原则

1.环境要求

在公共场所设置的临时隔离的场所应确保安全、明亮，不应使用汽车、壁橱、卫生间或其他黑暗狭小的空间等作为分隔场所。临时隔离场所应取消所有可能影响个体生理或心理健康的物品。临时隔离场所不能有任何利器、突出棱角等。

2.应有时间限制

隔离是暂时的，也不是隔绝，更不能盲目地将隔离对象弃之不顾。在隔离前应对现实情况进行充分评估，对隔离时间进行预估，待隔离至指定时间后，重新评估是否具备取消隔离的条件。

3.解除条件

隔离是为了让隔离对象通过隔离以达到某种目的，因而隔离本身只是一种方法，在隔离前要进行充分考察与评估，确立解除隔离条件，在隔离进行一定周期之后，可以根据具体情况评估是否可以减少隔离时间或解除隔离。

4. 心理健康疏导

在被隔离之后，被隔离者可能会产生恐慌、焦虑等负面情绪，管理者要重视其心理健康水平，引导其关注隔离积极的一面；对待因隔离而产生严重心理问题的个体，要及时为其开展心理危机干预，同时避免其自伤、破坏等危险行为，保持健康的心理水平。

三、积分制度

（一）积分制度的概念

积分制度又称代币制度，是指运用代币作为正强化物的行为管理程序，并以此原理发布的相关管理制度，包含三个基本因素：条件强化物、代币和逆向强化物。

1. 条件强化物

条件强化物（conditioned reinforcer）是指一个刺激本身不具有强化作用，通过和一个强化刺激相联系才获得强化力量的，这个刺激就称为条件强化物。

2. 代币与代币制

代币（token）是指任何可以积累起来交换其他原级强化物的次级强化物。原级强化物是指那些天然具有强化作用的刺激物，它们能够满足个体的基本生理或心理需求，从而增加特定行为的发生频率，如食物、水等可以满足生理需要的刺激物。次级强化物是指那些本身不具有强化作用，但通过与原级强化物建立联系而获得强化效果的刺激物或符号，如分数、荣誉称号等，这些物品或符号本身并没有直接的生理满足作用，但由于它们与具有强化作用的物品或行为相关联，因此也能够激发个体的积极行为。运用代币作为正强化物的行为矫正方法就是代币制或积分制。

养狗计分制：遛狗不拴绳要扣分，扣满12分学习考试

因犬只扰民等犬患问题突出，济南从2011年开始进行大规模的养犬专项整治活动。2017年1月1日，济南市正式实行养犬登记信用计分制。第一次查处犬只扰民、遛狗不拴绳、不携带犬证犬牌的行为，民警将对犬主进行警告，并扣除3分；第二次查处时，将按照情形对犬主处以200元至500元的罚款，并扣除6分；第三次查处时，对犬主扣满12分，同时，狗证若未年审也将一次扣除12分。扣满12分的犬主需到指定的地点，免费参加《济南市养犬管理规定》的学习，而没收的犬只被暂存在各区的养犬管理办公室。犬主在学习《济南市养犬管理规定》，对养犬权利、义务熟练掌握之后，民警当场发放试卷进行考试。犬主在考试成绩合格后，填写领养表格，以领养的形式将犬只领回。

计分制最大的特点是有罚还有奖。犬主主动参加公安机关的执法巡查，劝阻不文明养犬行为，奖励3分；在山东泰山小动物保护中心做义工，奖励2分；在社区内配合物业公司宣传依法养犬、文明养犬的知识，奖励1分。所有奖励凭拍摄的现场照片认定，现场照片上传到手机App后台，经民警核实后会自动加分。但1个计分周期内（1个计分周期为2周年），最多可获9分的奖励。

3. 逆向强化物

逆向强化物（backup reinforcer）是指存在于代币背后，支持代币的强化物。当行为者获得一定代币后，按照逆向强化物与代币的兑换比例，来换取相应的逆向强化物，使代币的价值得到维持。

代币制的实施分为两个环节：首先，当个体表现良好行为时，行为管理者要及时给予其相应的代币作为即时的正强化物，使行为者的行为得到正强化，同时也符合良好行为需要及时强化来维持的基本要求；其次，当个体积攒了一定量的代币后，行为管理者提供相应的逆向强化物，按照约定的逆向强化物与代币的兑换比例，给予行为者所需要的正强化物，并收回相应数量的代币，这就相当于对行为者的第二次强化，同时还起到维持代币价值的作用。因此，在代币制的实施过程中，逆向强化物是不可缺少的。

四、舆论导向制度

舆论导向又称舆论引导，是对社会舆论的评价和引导，用舆论影响人们的意识，引导人们的意向，从而促进人们产生积极的行为。具体来说，舆论导向包括三方面内容：①对当前社会舆论的评价；②对当前社会舆论及舆论行为的引导；③就某一社会事实制造舆论。正向舆论能够对社会发展起到推动和促进作用，而负向舆论则对社会发展起到破坏和阻滞作用。在突发重大公共安全事件发生时，铺天盖地的舆论信息往往会呈现在人们的面前，其中不乏会有一些危言耸听的消极信息以及夸大其词的报道。为了维护社会秩序的稳定，合理的舆论导向是不可或缺的，有关部门可以通过官方渠道辟谣，同时与媒体进行合作，引导公众关注社会事件中的正能量人物或事件。

正确的舆论引导迅速平息"抢盐"的从众行为

2011年3月11日，日本福岛因特大地震和海啸导致核泄漏事故，此消息迅速传遍全球。因"碘盐能预防治疗核辐射"的传言，我国从14日开始出现抢盐苗头，之后，随着网络信息的传播，数天之内，抢盐风潮席卷我国大江南北，市民们纷纷前往超市、便利店抢购食盐，致使其销量比平时猛增了十几倍。在网络弥漫"抢盐"消息时，一名网友与浙江省领导的对话，成为一段"抢盐"佳话。16日19时18分，网友"方宇琦"在网络上向时任浙江省委常委、组织部部长蔡奇说："蔡部长，现在全省在哄抢食盐，请省领导关注。"19 时 20 分，蔡奇回复："请继伟省长关注。"很快，时任浙江省副省长郑继伟在网络上说："已部署。"并告诉网友："盐会有的，请参阅浙江在线。"21 时 12 分，蔡奇再次通过网络发布声明："据环保部门监测，目前浙江全省没有核辐射影响，食盐保证供应，望浙江同学相互转告。"当两位省领导发布权威消息后，网友纷纷转发，截至 22 时 30 分，此条信息已有近 1000 人转发或评论。

随着"抢盐"事态升级，国家发改委等部门于 17 日下午发出紧急通知，要求各地"立即开展市场检查，坚决打击造谣惑众、恶意囤积、哄抬物价、扰乱市场等不法行为"。截至 3 月 19 日 17 时，除个别省份少数城市的小杂货店或小超市，因运输配送等方面的原因存在短时缺货现象外，其他地区都已恢复正常运行，从谣言的产生，到有关部门的相关舆论导向，再到事态的平息，仅仅不过 5 天的时间，而这次事件也充分证明了我国政府应对突发公共安全事件的果断和迅速。

五、政策奖惩制度

政策奖惩是为了保证在重大社会事件中，各个负责部门能够有效地开展相关工作，避免玩忽职守，进而影响社会秩序的正常恢复。一般政策奖惩制度主要由最高管理部门制定，分管部门执行，对于管理方针得当、管理成果有效的分管部门给予奖励，而对于部分因管理不得当而产生消极后果的分管部门要实行惩罚措施。这一制度本身也是主管部门的一种表率，民众也能够看到其应对社会突发重大公共安全事件的决心和态度。

负激励对应于政策奖惩中的惩罚措施，是一种行之有效的行为引导方式。管理学中将负激励定义为当组织成员的行为不符合组织目标或社会需要时，组织给予惩罚或批评，进而减弱、消退这种不当行为，比如给予警告、处分、降薪、开除等。负激励是控制公众行为的"红线"，具有一定的约束作用，能够矫正公众行为。事实上，尽管这种负激励往往比正激励对于公众的心理影响更大，管理者也应当注意将正激励与负激励相结合，一味地对公众施加负激励，而忽略了主动性的正向激励，容易降低公众的积极性，使整个管理模式偏向消极。适时地给予负激励能够纠正公众的不当动机，从根源上引导行为。

"7·20"郑州特大暴雨问责情况

2021年7月17日至23日，河南省遭遇历史罕见特大暴雨，发生严重洪涝灾害，特别是7月20日郑州市遭受重大人员伤亡和财产损失。灾害共造成河南省150个县（市、区）1478.6万人受灾，因灾死亡失踪398人，其中郑州市380人，占全省95.5%；直接经济损失1200.6亿元，其中郑州市409亿元，占全省34.1%。

河南郑州"7·20"特大暴雨灾害调查报告公布，河南省委原常委、郑州市委书记徐立毅被问责。从我国应急管理部获悉，国务院常务会议听取了河南郑州"7·20"特大暴雨灾害调查情况的汇报，并审议通过了河南郑州"7·20"特大暴雨灾害调查报告。

经国务院调查组调查认定，河南郑州"7·20"特大暴雨灾害是一场因极端暴雨导致严重城市内涝、河流洪水、山洪滑坡等多灾并发，造成重大人员伤亡和财产损失的特别重大自然灾害；郑州市委市政府及有关区县（市）、部门和单位风险意识不强，对这场特大灾害认识准备不足、防范组织不力、应急处置不当，存在失职渎职行为，特别是发生了地铁、隧道等本不应该发生的伤亡事件。郑州市及有关区县（市）党委、政府主要负责人对此负有领导责任，其他有关负责人和相关部门、单位有关负责人负有领导责任或直接责任。调查报告中提到，经调查组查明，郑州市委、市政府贯彻落实党中央、国务院关于防汛救灾决策部署和河南省委、省政府部署要求不力，没有履行好党委政府防汛救灾主体责任，对极端气象灾害风险认识严重不足，没有压紧压实各级领导干部责任，灾难面前没有充分发挥统一领导作用，存在形式主义、官僚主义问题；党政主要负责人见事迟、行动慢，未有效组织开展灾前综合研判和社会动员，关键时刻统一指挥缺失，失去有力有序有效应对灾害的主动权；灾情信息报送存在迟报瞒报问题，对下级党委政府和有关部门迟报瞒报问题失察失责。

经中共中央批准，中央纪委对河南省委原常委、郑州市委书记徐立毅在河南郑州"7·20"特大暴雨灾害中违纪问题进行了立案审查。经查，徐立毅同志作为时任河南省委常委、郑州市委书记，贯彻落实党中央、国务院决策部署不力，对河南郑州"7·20"特大暴雨灾害风险认识不足、警惕性不高、防范组织不力，灾害发生后统筹领导和应急处置不当，督导检查和履职尽责不到位，造成严重后果和不良影响。徐立毅同志对郑州市在灾害中暴露出来的相关问题，负有重要领导责任，应予严肃问责。依据《中国共产党问责条例》《中国共产党纪律处分条例》《中华人民共和国监察法》《中华人民共和国公职人员政务处分法》等有关规定，经中央纪委常委会会议研究并报中共中央批准，决定给予徐立毅同志党内严重警告处分。

六、强制报告制度

（一）强制报告制度的概念

2020年5月29日，由中华人民共和国最高人民检察院、国家监委、教育部、公安部、民政部、司法部、国家卫健委、团中央、全国妇联共同下发的《关于建立侵害未成年人案件强制报告制度的意见（试行）》中规定了侵害未成年人案件强制报告制度，要求有关报告义务主体在工作中发现未成年人遭受或者疑似遭受不法侵害以及面临不法侵害危险的，应当立即向公安机关报案或举报，推动及时发现、处置侵害未成年人犯罪。

（二）强制报告的主体

《关于建立侵害未成年人案件强制报告制度的意见（试行）》规定，居（村）民委员会，学校、教育机构及校车服务者，医院、诊所等医疗机构，儿童福利院等救助机构，社工机构，旅馆等，凡是会密切接触未成年人的机构都是强制报告部门。上述机构及其从业人员和行使公权力的各类组织及公职人员都有强制报告的义务。

（三）强制报告的适用情形

《关于建立侵害未成年人案件强制报告制度的意见（试行）》规定，一旦发现未成年人受侵害就要报告，比如未成年人非正常伤残、死亡、遭受家庭暴力、严重营养不良、意识不清；被遗弃；疑似被拐卖或被收买的，被组织乞讨的或者女性未成年人遭受性侵害、怀孕、流产的，疑似的或者面临危险的都要报告。

医务人员履行报告职责，及时报告侵害未成年人犯罪

自2019年11月起，犯罪嫌疑人李某某因其女儿钟某某（10岁）贪玩，常以打骂罚跪手段体罚钟某某。2020年2月6日上午，李某某安排钟某某在家写作业。13时许，外出回家的李某某与杨某某（与李某某系同居关系）发现钟某某在偷玩手机，二人便使用抽打、罚跪、浇冷水等方式体罚钟某某，直至钟某某出现身体不支状况。后李某某、杨某某发现钟某某已出现无法下咽且有牙关紧咬的情况，李某某意识到事态严重而拨打120急救电话。

2020年2月8日14时24分，赶到现场的医生发现钟某某已无生命体征。在接诊问询过程中，李某某谎称孩子贪玩没有吃饭而摔倒不起，但医生警觉地发觉孩子时值寒冬未穿外衣，体表伤情似人为所致，遂严格按照河南省新乡市《侵害未成年人案件强制报告若干规定（试行）》要求，履行强制报告职责果断报警。

　　2020年2月8日，民警接到报警后及时赶到现场将犯罪嫌疑人李某某、杨某某控制。次日，河南省新乡市公安局铁西分局以涉嫌故意伤害罪对李某某、杨某某刑事拘留。2020年3月16日，新乡市卫滨区人民检察院对二人做出批准逮捕决定。2020年5月13日，公安机关将该案移送至卫滨区人民检察院审查起诉。法院最终判处李某某死刑，缓期二年执行，剥夺政治权利终身；判处杨某无期徒刑，剥夺政治权利终身。

第九章　重大公共安全事件行为引导体系建设

　　党的二十大报告提出："坚持安全第一、预防为主，建立大安全大应急框架，完善公共安全体系，推动公共安全治理模式向事前预防转型。提高防灾减灾救灾和急难险重突发公共事件处置保障能力，加强国家区域应急力量建设。"重大公共安全事件治理关系到广大人民群众生命安全、确保公众正常生活和保障社会经济发展等各个方面。重大公共安全事件行为引导体系是国家应急管理体系的重要组成部分，也是完善国家应急管理体系的必要环节。

　　国家治理体系和治理能力现代化的程度也与重大公共安全事件的治理水平紧密相关，重大公共安全事件行为引导体系的建设应置于国家治理体系的宏观视角之下，分析公共安全事件行为引导体系建设中的风险因素，通过综合运用人力、物力、现代网络信息技术等进行公共安全防范，构建起社会各部门、各单位分工负责、协调配合的管理体系，重点考虑将组织体系建设与制度模型建设相结合，发挥国家公共安全事件管理部门以及相关制度的重要作用。

第一节　重大公共安全事件行为引导组织体系建设

　　重大公共安全事件具有复杂性、重大破坏性、快速扩散性等特征，会对国家、社会组织以及人民产生重大影响，需要联合各方力量，群策群力，以减少重大公共安全事件的破坏性。党的二十大报告提出："完善社会治理体系。健全共建共治共享的社会治理制度，提升社会治理效能。发展壮大群防群治力量，营造见义勇为社会氛围，建设人人有责、人人尽责、人人享有的社会治理共同体。"对于重大公共安全事件，也应倡导多方协同，同时加强分工协作。为避免多头指挥、应急救援组织工作无序、志愿人员盲目介入等混乱情况，这就需要建立和完善重大公共安全事件的行为引导组织体系。

一、建立公共安全事件组织管理体系

2013年11月，党的十八届三中全会提出"健全公共安全体系"，这标志着中国应急管理进入公共安全体系建设的新阶段。2014年4月，习近平总书记在中央国家安全委员会第一次会议上的讲话中首次提出总体国家安全观，要求以人民安全为宗旨，以政治安全为根本，以经济安全为基础，以军事、文化、社会安全为保障，以促进国际安全为依托，走出一条中国特色国家安全道路。习近平总书记多次明确要牢固树立安全发展理念，弘扬生命至上、安全第一的思想，健全公共安全体系。

首先，要坚持完善以政府为核心的公共安全事件治理机制，构建政府、社会组织和全民参与的协同机制。以政府为核心，对相关社会组织进行统一领导与协调，以形成强有力的党政组织领导、科学决策和社会动员参与的国家安全治理氛围，进一步实现国家治理体系和治理能力现代化。为更好地应对重大突发公共安全事件就必须着力改变目前治理主体单一的现状，要加快构建预防、应急、恢复为一体的党政领导、多方参与的应急管理机制（方世南，2020）。此外，重大公共安全事件的治理还应集思广益、群策群力，必须形成全社会协同参与的集体行动，要尽可能地动员群众、依靠群众，将社会各界的力量激发出来，形成应对突发事件的责任共同体。

其次，要加强技术支撑，提高安全治理科学化、信息化水平。构建"互联网+公共安全治理"新模式。将重大公共安全事件管理信息化纳入国家、政府和城市建设总体规划，充分利用互联网、大数据、云计算等新兴技术提高公共安全预防和治理的数字化、智能化水平，通过搭建信息化综合平台发挥其在重大公共安全事件的预防、处置中的作用。以信息化实现治理能力现代化可以提高危机事件的监测预警和监管能力，同时在事件发生后可以通过信息化平台提高指挥决策能力、救援实战能力及社会动员能力。

建立公共安全事件组织管理体系要坚持运用法治思维和法治方式，提高应急管理法制化、规范化水平。完善相关法律法规体系，使公共安全治理有法可依、有规可循。2003年"非典"疫情之后，党和国家高度重视应急管理体系建设，以"一案三制"为代表的应急管理工作取得了显著进展。2007年11月，《中华人民共和国突发事件应对法》颁布施行，这是我国针对突发安全事件颁布的第一部法律性文件，填补了我国应急管理相关法律法规的空白，充分体现了国家对政府应急管理工作的重视。重大公共安全事件的应对凸显了公共安全法治的重要性，是对我国治理体制与治理能力的重大考验。人类发展历史已然有力地证明，依法治理是最可靠、最稳定的治理方式，法治是实现国家良好社会治理的可靠保障。因此，我国应继续落实依法治国基本方略，围绕重大公共安全事件的预防、处置等工作，全面推进科学立法、严格执法、公正司法、全民守法。

对于法治政府来讲，重大公共安全事件的法治应对，主要应从立法、执法、司法三个层面予以重点关注。首先，在立法层面，构建完备、科学、有效的法治体系是应对重大公共安全事件发生的重要前提，虽然我国在安全事件应对过程中也总结了不少经验，制定了相关法律法规，但还应持续地根据具体事件的治理过程进行完善，强化公共安全事件法治保障。其次，在执法层面，需要关注在重大公共安全事件中的违法行为，除造成安全事件发生的相关人员外，对于妨碍事件治理的相关违法行为也要强化执法，依法予以打击。最后，在司法层面，检察机关应积极发挥检察职能，积极探索有效应对重大公共安全事件的路径和方式，审判机关应继续完善审理模式，利用大数据等形成云法庭模式，维护司法的公平正义。

二、加强社会协同、培育参与应急救援的社会组织

为打造共建共治共享的社会治理格局，更有效地发挥社会组织作用，实现助人自助的宗旨，必须积极引导社会力量参与社会服务管理之中，运用企业、医院、学校、社会团体及福利机构等多方力量，启动多单位多元协同管理。只有这样，才能够逐步提升社会组织服务能力和规范化运作水平，激发各类社会组织参与重点公共安全事件治理的积极性，探索形成符合当代社会要求的新型应急事件管理经验。在重大公共安全事件管理中一般会涉及三个主体，分别为政府、社会组织及民众。其中，政府更能够从宏观的角度把握事件的整体状况，从而给出指导性意见；民众作为事件的直接参与者和接触者，敏感性更强；而社会组织作为二者的中间部分，既能够与民众近距离接触，将民众的情况向上反馈，又能够起到一定的调节作用，社会组织作为辅助性的事件治理主体，可以与政府的工作形成互补，引导群众形成更积极的社会行为。总之，社会组织作为基层社会的行动者，在促进居民互动，服务特殊群体、反映居民诉求等方面作用十分明显，可以成为联结政府与民众的重要纽带和桥梁。

社会组织作为我国社会管理主体的重要组成部分，应在其行为引导组织体系建设中发挥重要作用，担负起自身的重要职责，与政府联合构建起完善的行为引导体系，为预防和化解重大群体性事件和重大公共安全事件做出努力。在应急管理中，发挥社会组织的作用，不仅可以降低政府应急管理的成本，也可以极大提升应急管理能力（孙录宝，2012）。

社会组织在重大公共安全事件的信息预警、维护秩序、心理疏导与关怀等过程中发挥着越来越重要的作用，其与政府相比，具有贴近社会、灵活多变的特点，在行为引导体系建设中能够充分发挥自身优势，弥补政府在整个事件治理过程中的不足。从国内近些年

发生的多起重大公共安全事件来看，无论是危害范围较广的"5·12"汶川大地震灾难救助与震灾重建、新型冠状病毒公共卫生管理危机处理，还是"3·30"木里县森林火灾、"10·28"重庆公交车坠江事故，社会组织都是不可或缺的一部分力量。如在汶川地震和新冠疫情中，我国的红十字会、中华慈善总会等社会组织积极参与其中，帮助应对灾难、安抚群众、提供援助，减轻了此类事件所带来的负面影响。因此，应动员和吸纳社会组织进入重大公共安全事件行为引导体系建设之中。

红十字会作为中国救灾救援经验最为丰富的民间组织，在2008年的汶川大地震以及2020年的新冠疫情中都发挥着重要作用，提高了我国安全事件治理的效能。在危机事件发生后，红十字会便积极组织和发动各种公益募捐活动，拓展募捐渠道，将募集到的资金全部投入现场救援和灾后重建中，极大地解决了应急管理中的资金问题。同时，红十字会通过长期救助所掌握的各类资源也都为救灾提供了便利。此外，红十字会也十分注重灾后的心理危机干预，配备有专业的心理咨询师和心理保健师，不仅能在公众遭受重大公共安全事件形成创伤后及时提供帮助，以免这些未能治愈的创伤对其之后的生活带来影响，还能为在事件救助中的志愿者及时提供心理干预。2019年2月14日，应急管理部主要负责同志和中国红十字会总会主要负责同志召开座谈会，双方将共同推进防灾减灾救灾体制机制改革，将红十字会整体纳入社会应急管理范畴，成为应急管理部门的重要辅助和重要力量。加强应急管理部门和中国红十字会的合作，双方建立良好的沟通机制和务实融洽的合作关系，有利于发挥红十字会在国家应急领域中的独特作用。

学校是涉及最多未成年人的社会组织，学生应对危险的能力相对较弱，因此，学校的公共安全事件一直受到社会的广泛关注。学校安全事件主要有以下几个特点：首先，学校中人群较为集中，时间也十分固定，一旦爆发重大公共安全事件，其影响程度会更大，更多的学生可能因此受到影响；其次，学校安全事件一般涉及人群年龄段较小，他们不能够理性给出恰当的解决方案，且容易情绪化和受他人影响，比较冲动；再次，学校作为知识传授的地方，如果内部爆发恶性事件，社会关注度和讨论度会更高，其对社会造成的负面影响会更大。正是这些特点增加了学校应急管理的难度，学校也应高度重视学校的应急管理工作，努力健全组织体系和工作机构，不断完善相关规章制度和工作预案，积极开展应急管理科普宣传与人员培训，切实提高学校应对突发公共事件的快速反应和应急处理能力，维护安全稳定的校园环境，推进和谐校园建设。近年来，多所学校发生多起恶性事件，造成严重的社会影响。2021年1月22日，云南师大实验中学发生持刀劫持事件，此事件发生后便引起了广泛的社会关注。一中年男子持刀伤害7人后，劫持1名学生作为人质与警察对峙，后警方开枪击毙嫌疑人，安全解救人质。此事件最终造成7人不同程度受伤，1人经抢救无效死亡。这种针对自我防护能力较弱的学生群体的暴力犯罪事件，应引起管理部门与各级各类学校的高度重视。学校应在完善应急工作预案的基础上，开展人员培训，学校内部要有人员掌握一定的应急对抗和紧急疏散技能，学生也应学会在危机事件爆发后的自我防护和自救手段，事件发生后学校应对相关人员进行心理疏导。

应急管理处置是企业安全生产的最后一道防线，应急管理能力关系到企业的安全和稳定发展。企业安全事故也是重大公共安全事件的其中一种，大多是因为企业的生产安全未达到规范以及后续的应急工作不及时导致的。因此，企业应着力提升应急管理能力，防止不安全事件的发生，事件发生后迅速组织开展救援工作，最大限度地减少人员伤亡和损失。2015年"8·12"天津滨海新区爆炸事故是一起发生在天津市滨海新区的特别重大安全事故。因此，在重大公共安全事件治理和引导中必须将企业也一并考虑在其中，通过制定相关的规章制度并严谨执行，以达到安全生产的目的。企业除管理好企业内部的安全事件之外，还应在更为严重的公共安全事件治理中发挥自身力量。2020年新冠疫情发生后，口罩、资金和医疗资源十分紧缺，一时间多个企业开始贡献力量，进行捐赠和加大力度生产所需资源。在国内疫情稳定后，也有多个企业向全球提供援助，如有企业向纽约提供了1000台呼吸机，还向非洲、拉丁美洲和亚洲提供呼吸机、口罩和其他用品。

社会组织如何以社会主体的身份参与到社会治理中来，其关键在于自身的能力和水平，因此，政府和相关专业人员应发挥专业技能，鼓励和引导社会组织朝向专业化、规范化发展。

三、健全网络信息传播，引导全民理性参与

重大公共安全事件行为引导的组织体系建设应基于大数据、人工智能等信息技术，利用网络信息传播媒介，探索"互联网+"应急管理平台，建立起信息预警以及舆情引导智能管理体系。

一方面，重大公共安全事件治理应注重事前预警信息的生成与发布。预警信息发布作为安全事件发生前的重要一步，提前预警并针对性地采取相应措施能够有效减少重大公共安全事件产生的负面影响。首先，预警和应急管理信息的生成应充分整合现有的公共安全信息资源，对有关信息资料进行分析，借助以往处理事件的经验，找出目前潜在的风险源，预测可能造成的后果，接着提出具体的可操作性的应对措施。同时应充分利用互联网平台，建立起富有公信力的信息发布和反馈制度，加强各平台和各个有关信息点的信息交流和联通。社会组织在行为引导中应依据规定的秩序，各司其职，理性参与其中，应利用自身优势，搜集各界信息，坚持将真实且有效的信息公开，并利用网络媒介传播信息。

另一方面，完善重大公共安全事件信息传播机制。安全事件信息传播机制是指在重大公共安全事件中，及时通过网络媒介和信息传播平台向公众和社会各界发布防控信息，建立开放式的信息沟通交流平台。完善的信息传播机制不仅能够帮助公众及时了解事件发生的缘由以及目前的发展局势，足够的有效信息可以缓解公众的不安情绪，防止公众因不了解事态发展进行主观臆断，进而传播虚假

信息造成舆论发酵；还能够通过多种宣传渠道，发布一些应对公共安全事件的正面做法，树立起公众效仿的"榜样"，鼓励公众利用自身力量积极应对危机，与社会组织和政府一起解决重大公共安全事件。

四、完善心理疏导机制，加强社会应急力量

当重大公共安全事件发生时，除关注事件本身的治理情况外，还应注重事件相关者的认知行为引导和心理干预工作，缓解由各种原因造成的大众焦虑和心理困境，体现以人为本的治理核心。而应急管理工作往往因涉及较为复杂的群体特点而面临着各种特殊难点，既包括大众因对事件较高的关注热情产生大的波及面，也包括因负面心理因素未得到及时解决而爆发的群体行动风险（孙德梅等，2014）。

首先，社会大众的时事关注热情高，为安全事件行为引导提高了难度。网络信息的高速传播加剧了公众对时事政治和社会热点的关注热情，线上线下相结合的信息搜集和各式各样的传播渠道也让更多的人员参与其中。同时时事关注热情所激发的代入感和在场感使更多的公众成为突发事件或公共安全事件的间接利益相关者，虽然这些公众不直接处于事发现场，但依然因舆论或信息的过度接触而受到影响。同时，信息纷杂，相关社会资源掌握较少，公众的呼声和期望无法得到回应，这些很容易导致无助、失望和挫败感等负面情绪，甚至受到事件影响而产生焦虑、烦躁甚至抑郁等心理问题。

其次，大部分社会成员的鉴别能力有限，增加了重大公共安全事件行为引导的阻力和成本。相比高昂的时事关注热情，社会大众对社会事务的认知尚不够成熟，易受外界尤其是网络不良信息的干扰，并引发过度的情绪波动和行为偏差。社会大众很多时候只是凭一腔热血参与公共事务，对时事政治和社会热点的鉴别力不足，因片面、草率而难以洞悉事物的真相和全貌。这一方面导致大众容易

受错误或不良信息的误导；另一方面容易出现认知偏差，产生对公共安全行为的误解、不满或过度反应。有限的鉴别能力既容易使大众产生过度焦虑和焦躁情绪，并在这种心理状态下出现行为偏差，也在客观上增加了应急管理的难度。

再次，频繁的线上线下交往增强了危机冲击情境下的情绪传染，尤其网络信息平台的开放更进一步增强了这种冲击，导致大众情绪的易波动，容易因冲动、从众而引起群体负面情绪的爆发，更严重则会导致群体行为。同时，在本身对时事热点问题的较强共情心理之外，部分大众基于相似认知模式的相互强化，容易在信息茧房效应下加剧自身的认知偏误问题，导致线上线下的集体行动，构成次生危机事件。

因此，在应急管理中，应意识到心理问题对事件发生后可能会导致负面的群体行为，加强重大公共安全事件管理后的心理危机干预工作。一方面，成立专门的心理疏导机构，招募专业的心理工作者，并组织开展专项应急管理业务培训，增强机构心理工作者的心理危机干预专业知识和相关的伦理准则，培养应急管理、舆情应对、心理健康教育和危机干预的专家。另一方面，开展普及心理健康知识的讲座，并积极鼓励和支持社会大众参与，收集反馈受影响人群的心理健康信息，注重发挥大众自我教育、自我管理、自我服务和自我监督的功能。

重大公共安全事件的处理往往是一个应急过程，但事件处理结束之后的事情也往往较为复杂。在重大公共安全事件的组织体系建设中应注意，不仅要提供力量支持灾后重建和扶助受灾群体，还应开展心理关怀工作，发挥社会组织、行业协会的优势和社会影响力，注重加强社会应急力量建设，与政府的应急管理工作形成优势互补。

第二节　重大公共安全事件行为引导制度建设

重大公共安全事件行为引导体系建设，除了要利用好社会组织的调节和辅助性作用之外，还要发挥政府机构的宏观指导作用。政府机构在重大公共安全的事前预防、事发应对处置和事后善后管理过程中，通过建立必要的应对措施，减轻了突发事件对社会和公众的不良影响，保障了公众的生命财产安全，促进了社会的和谐发展。同时，各级地方政府作为公共安全治理的实际执行机构，其治理能力和行为本身直接关系到公共安全治理的成效。因此，政府部门应明确自己的角色定位和自身职责所在，保持危机意识，充分动员协同各方力量，化解重大公共安全危机。

我国重大公共安全事件应急管理工作已取得巨大进步，应急管理体系已初步建立。为充分发挥各应急管理机构的职能作用，提高重大公共安全事件发生之后的治理效率，完善工作机制，创新工作方式，更加有序高效地开展应急管理工作，提高预防和处理安全事件的能力和水平，应按照相关规律和工作经验制定相关制度。

一、完善应急管理制度，形成应急管理闭环

制度是重大公共安全事件行为引导体系建设机制，是公共卫生应急管理体系各组织机构和职能设置得到落实的载体和支撑。但目前的应急管理制度仍待完善，需要更详细且具有可操作性，同时在现有的灾害应急救助机制下，各级政府和政府部门的职能划分不清晰。因此，应致力于完善现阶段应急管理制度，通过科学地构建法律制度，使得相关政府部门能够清晰职责，根据事件发生特点，统筹规划好应急预警、应急处置、监督管理以及有效的法治和物资保障，形成法治化、系统化、整体化的全周期闭环应急管理运行机制。应急管理采用国际通用 PPRR（prevention, preparedness, response, recovery）模型，包括预防、准备、响应、恢复四个典型阶段，形成动态和闭环管理。

（一）应急预防

重大安全事件的预防是事件应急管理的前奏，良好的预防措施能在事件发生之前就提供相应的制度和实际支持，极大地提高应急处置的效率，其重点包括以下内容。

1. 明确应急组织指挥体系与职责

应急组织指挥体系应包括领导机构、工作机构、地方机构或现场指挥机构及专家组等，在安全事故发生之前，政府机构就应根据事件发生特点制定相关制度文件，明确各组织机构之间的合作关系和职能设置，同时要求各机构各司其职，以免相互推脱，造成事件治理的延迟与混乱。

2. 安全事件的预防工作

通过相关管理和技术手段，提前做好安全生产和生活的准备，尽可能地防止事故的发生，实现本质安全，避免因某个环节的疏漏，最终造成重大公共安全事件。

3. 形成预防与预警机制

在假设安全事件发生的情况下，通过规定好应急准备措施、事前预警信息分析、生成与发布以及相关预警响应措施等，分析事件可能发生的情形与条件，提前采取预防措施，以达到降低或减缓事故影响程度的目的。同时，通过事前预警，也可以给相关的政府机构和社会组织提供更宽裕的准备时间，以便在事件发生之后便能够立即采取有效措施。

（二）应急准备

应急准备是应急管理过程中至关重要的阶段，是针对可能发生的事故，为迅速有效地开展应急行动而预先所做的各种准备，包括应急体系的建立、应急工作小组的成立、应急保障工作的落实、应急预案的修订和演习等，其目标是保持重大公共安全事故管理所需的应急能力。

1. 应急工作小组的成立

应急工作小组主要服从相关应急指挥部门管理，按照要求履行职责，及时组织实施应急处置措施，并将处理情况收集报告给上级部门。其主要职责包括：①与相关部门一同制定重大公共安全事件的应急处置预案；②广泛开展宣传教育工作；③掌握事件发展动向，根据具体情况及时做好应对措施，进行疏导；④收集有关事件发生的预警性信息，与现有的预警方案进行对照整合，持续改进现有预警资料的不足，实现有效预警；⑤全力配合各工作部门妥善处置各类突发事件，协调各组织的工作；⑥负责做好应急演练工作，以便在事件发生之后能够根据现有的应对方案实现有序处理。

2. 应急保障工作的落实

应急保障是应急准备的重要内容，只有在安全事件发生之前做好保障工作，才能够在突发事件的处理中显得从容不迫。应急保障包括人力资源保障、资金保障、物资保障、医疗卫生保障、治安维护保障以及相关技术支持保障等，要求各环节都必须应对到位，以免在安全事件发生之后引起更严重的恐慌。

3. 应急预案的修订和演习

针对在以往应急管理工作中具体情况的变化和应急预案实施过程中的缺陷，整合现有问题，定期组织应急预案修订和完善工作。应急预案是应急管理文件中十分重要的内容，应引起各部门重视，防止现有预案跟不上事件演变速度和事件发展的新形势，造成严重后果。在形成具体的应急预案之后，还应组织应急知识宣传教育和培训活动，制订和完成应急预案演习计划，进一步引起公众的重视，增强社会大众的安全意识，提高其自救和互救能力。

（三）应急响应

应急响应是在发生重大公共安全事件后，立即启动的应急计划和应急预案中规定等级的响应，以尽快降低事件对国家、社会和民众的影响，减少人员伤亡和财产损失，提供应急工作支持。这一阶段的主要内容便是应急处置，包括安全事件信息报告、分级响应、指挥与协调，以及应急措施的具体实施等。

首先，各组织应及时根据目前掌握的事件真实信息进行报告，由相关部门将所有信息进行整合和分析；其次，将其与应急预案中的事件等级比对，按照事件发生的不同等级进行响应，并采取不同应急措施；再次，由政府机构负责指挥与协调，合理安排各机构和各类社会组织的工作，各司其职，协力解决安全事件；最后，依据现有制度规定实施应急措施，将事件影响降到最低。

（四）应急恢复

重大公共安全事件的恢复工作应在事件发生后立即进行，要求将事故的滞后影响降到最低，后逐步恢复到正常状态。首先，政府可以提供资金和资源支持，以帮助受影响的群体在受到事件影响之后有足够的力量去恢复工作和生活；其次，通过重大公共安全事件应急心理援助体系的建设和实施，可以帮助公众在经历重大安全事件之后迅速恢复心理平衡，摆脱心理困境，以更积极的心态面对未来；最后，政府应在事件治理过程中吸收经验教训，及时根据过程中发现的不足进行完善和调整，以免后续类似事件再次发生，造成更加严重的负面社会影响。

二、保障应急物资储备，持续确保应急力量

在重大公共安全事件到来之时，除了及时做好信息报告和预警、正确的舆论引导、完善心理疏导机制、实施应急管理措施之外，还要有充分的应急保障力量和应急物资的储备。足够的应急物

资能够使施救群体和受影响群体及时得到救援力量和能量补充，为重大公共安全事件的处理提供更强有力的保障。政府部门要在此过程中起到统筹规划的作用，并将应急保障职责向下落实到具体的部门和组织。发生重大公共安全事件时，地方政府要落实好现场救援和疏散工作，同时提供基本的生活必需品。

应急物资应包括：一是基本生活保障物资，主要有粮食、水等生活必需品；二是专业应急管理设备，主要是指危机处理过程中所使用的专业性物资，如在新冠疫情发生后，需大批量供给的呼吸机、防护服、消毒液等医疗用品；三是应急装备及配套物资，主要是针对特殊事件处置所需的特定物资。

应急物资储备工作应包括以下几个方面：首先，在日常工作中，相关负责机构应统计和汇总现有物资，建立电子数据记录平台，依托规定的应急物资储备信息，详细登记各类物资的种类和数量等；其次，按照要求进行补充、更新，各类和各级社会组织应组织做好应急物资储备工作，根据有关规定对短缺物资进行补充，对于有保质期和需更新的物资进行更新；再次，完善基础保障设施，加强通信、应急医疗保障、应急避难场所、应急物资的调配和运输等基础安全设施的完备，建立应急物资的仓储、物流、派发、回收等全过程的信息化管理系统；最后，应设置具体的部门进行督导检查，对于应急物资储备的落实情况、物资的实际消耗情况进行核对，根据应急物资准备计划与现有储备状况进行核对，防止因个别部门的失误导致在重大公共安全事件到来之时应急物资得不到支持，引起更严重的社会事件。

三、防范群体性事件，预防群体行为极化

群体性事件是指一群人通过一定方式公开集结起来，实施对社会秩序产生较大影响的共同性群体行为，也是重大公共安全事件的一种。在网络快速发展的时代，群体性事件既有线下的现实群体行为，又有网络群体事件，这类人群基于某些共同特点，通过互联网

联结起来，在网络上发表负面言论而产生重大影响。如果在发生重大公共安全事件时得不到恰当的处理，后续可能会继续发酵，众多利益相关者聚集起来，将事件演化到一种更为激烈的状态。

从心理学理论看，群体性事件本质上仍是一种群体行为，行为又是态度和情绪的外在表现，因此群体性事件的治理应基于态度、情绪与行为三者之间的转化关系。社会心态是一段时间内弥散在整个社会或社会群体类别中的宏观社会心理状态，与某一时期社会成员的共同关注点相关，可以通过社会舆论来表达。如果潜在的社会刺激始终得不到解决或受某种事物的影响而增强，将会转变为社会情绪，接着社会情绪持续积累达到一定界限进一步扩散和传染，便会引发极端的群体行为。

在群体性事件的管理中，应该注重管理主体的多元化和多主体间的互动，目前在我国的管理实践中多以政府为主导。在此过程中，政府应发挥其宏观调控作用，更全面地把握社会心态和社会情绪，根据相关政策及时采取措施做出调整，防止消极的社会存在产生更大的负面影响。同时，基于责任和法治的要求，无论是何种程度和属性的事件，政府都必须做出及时准确的回应。具体工作内容如下：

第一，政府工作人员要提高应急和处理突发事件的能力。在事件最初发生时，政府工作人员要学会运用良好的沟通策略与相关人员进行谈判，并且政府工作人员要善于倾听公众的意见，通过构建完善的社会情绪释放渠道，就有可能将潜在的社会危机化解，将消极的社会情绪转变为积极的社会情绪。尽力争取事态在还未扩大化之前便得到简单控制，恢复良好的生活秩序。此外，如果事件发生初期没有得到适当的控制而进一步发酵，政府工作人员就必须开展实际的工作，针对事件特点进行高效的决策、组织协调和监督检查。因此，政府工作人员必须学习并掌握相关法规政策、信息生成和公开、舆论引导和心理疏导等各方面的知识技能，政府部门也应组织相关的系统培训和集中研讨学习，才能够在实际工作中达到良好效果。除工作人员提升素质外，政府部门也应进一步完善相关制度的建立和健全，只有这样，在事件发生之后才能够有政策依据，促进相关工作的处理。

第二，加强政府公信力建设。政府的公信力是政策实施的重要条件之一，只有政府切实合理地加强建设，才能够赢得公众的信任和支持，更好地依据法规政策开展治理工作。搜集以往的事件处理资料便会发现，有时正是因为个别政府部门公信力低下，才使得事件相关人员并不服从政府管理，这时制度政策便失去了其应有的意义，简单的事件也可能演化为群体性事件。

第三，根据事件特点分阶段参与管理。在事件潜伏期，政府部门应对社会心态和社会情绪进行监测、识别和预警；对可能涉及的重点人群和重点区域进行监测，如有问题出现便能及时采取相应的措施；同时应完善社会情绪宣泄渠道，清除消极的社会情绪。在事件爆发之后，各级政府部门的工作便更加复杂，这时群体情绪十分激烈，在积累爆发后便会产生群体非理智行为。首先，应对社会情绪进行评估和控制，识别群体情绪的详细信息，并针对性地给出调节方案；其次，对群体进行安抚，稳定群体行为，防止群体行为极化，减少危机破坏，同时政府应提出切实可行的危机处理方案；最后，在事件消退期，应尽可能地持续先前的管理形式，继续稳定群体心态和群体情绪，并对这个过程进行监控。在整个过程中，政府都应规范其行为，防止管理不当对群体产生的消极刺激，造成新的次生危机事件。

第四，在政府和潜在受影响群体之间建立一条及时有效的沟通渠道，这一沟通渠道的建立，不仅能够及时反馈群众动态，还能够提高政府政策的科学性和适用性。

重大公共安全事件行为引导体系、组织体系和制度模型的建设，是新时代、新形势、新战略背景下的新要求。现阶段如何有效地实施应急预警和风险控制，最大限度地降低灾难性事件的负面影响，是新时代政府部门、社会组织和公众的责任，要求三个主体共同参与治理。重大公共安全事件行为引导体系建设应注重科技引领，充分利用大数据和网络传播媒介等，引导全民理性参与；同时，在事件治理过程中重视受影响群体和救助人员的心理健康状态，并及时提供心理援助；此外，在事件爆发之后，应鼓励社会各界力量参与其中，不同社会组织都应发挥自身力量以完善应急管理体系。政府在其中应提供制度支持，通过构建详细合理的应急管理闭环，按照事件发生的步骤采取不同的应急措施，与社会组织一同进行危机事件的管理和引导。同时，充足的应急物资储备，群体心态和情绪的正确引导，都有利于事件的有效治理。

第三节 重大公共安全事件行为引导教育预防策略

面对重大公共安全事件，国家、社会以及公众应居安思危，以预防为主。这就要求在重大公共安全事件行为引导的制度体系建设中，着力增强全民的危机意识、安全意识和社会责任意识，提高基层应对突发公共事件的处置能力，以及群众的应急能力和自救能力。对此，可以通过回避风险行为教育和榜样示范法的宣传引导，培养提升公众的安全意识和应急自救能力。

一、回避风险行为

（一）回避风险行为的引导

回避反应的基本过程如下所示：

厌恶刺激的信号（先）—回避风险行为（后）—可免受厌恶刺激。

在回避反应（avoidance conditioning）中，个体并没有实际感受到厌恶刺激的作用，而是先感受到了厌恶刺激的信号，为了避免遭受到厌恶刺激的作用，而主动表现出回避风险的行为，从而使自己免受厌恶刺激的影响。实际上，负强化策略就是引导公众建立回避风险行为的过程。

平时的安全教育优于事故后亡羊补牢

四川省绵阳市安县桑枣中学原校长叶志平始终把学生安全摆在首位，多年来不断加固教学楼并定期组织学生进行防灾逃生演练。"5·12"汶川特大地震发生时，桑枣中学2200多名学生、100多名教师，就是按平常的演练，1分36秒全部冲到操场，创造了"零伤亡"的奇迹。

地震、火灾、踩踏事件、校车事故、春（秋）游意外伤害……层出不穷的校园安全事件发生之后，教育部门发出紧急通告，进行大面积隐患排查、加强监管，甚至取消一些正常的教学活动，于是在重大校园事故发生后，总有一段时间，学校会把安全保障提到最优先的位置。但是当师生们已经习惯了之后，有可能又松懈下来，这样新的隐患就开始滋生，有的最终演化为不安全事故。如此循环往复，说明亡羊补牢不是解决校园安全问题的最好办法。桑枣中学平时组织好防灾逃生演练，是一种负强化策略，即平时通过模拟演练，使师生们学习到应急措施，建立起系列的逃避反应。当重大自然灾害意外发生时，师生们就会条件反射地将之前演练的行为转化为现实的行动，有序地撤离危险地带，从而确保安全。可见，各级学校平时做好安全教育，相比事故之后再补救，是更优的选项。

从上面的案例中可以看出，在重大公共安全治理中，对社会公众安全行为的教育与引导，应重点关注日常预防工作，向公众宣传正确的规避风险行为。

负强化策略是引导公众回避风险行为十分有效且常见的策略。负强化是指当个体正在承受厌恶刺激时，一旦表现出所期望的良好行为，便立即撤除其正在承受的厌恶刺激，以后在同样的情境下，该行为的出现次数就会增加。可以用负负得正的原理来理解，厌恶刺激（加强监管、安全演练警报等）令人不愉快，而当师生们表现出回避风险行为（正确的应急演练）时，厌恶刺激消失，则可以满足他们的安全和舒适需要，从而摆脱厌恶感。取消某个刺激的过程（负）加上厌恶刺激是不愉快的（负），其效果就相当于促进良好行为的作用（正），达到与给予正强化物同样的令人愉快的效果。

（二）负强化的使用原则

引导公众建立正确的回避风险行为，需要正确、合理使用负强化策略，负强化的错误使用不但不能成功设定目标行为，还可能引发不良后果。如"郭文思减刑案"就是错误使用负强化致使重大不良后果的典型事件。

郭文思减刑案

2004年8月29日凌晨，郭文思与女友在北京市崇文区某酒店里吵了起来。冲动之下，郭文思用枕头闷住女友的口鼻，将其杀害。2005年2月24日，其因犯故意杀人罪被判处无期徒刑。后经9次减刑，于2019年7月24日刑满释放。2020年新冠疫情发生后，公众普遍接受了在公共场合要戴口罩的行为。在这样的大环境下，郭文思却仍然我行我素。2020年3月14日15时许，郭文思在超市购物时，对提示其正确佩戴口罩的段某某实施侵害，致段某某受伤死亡。案发后，社会舆论强烈要求严惩郭文思故意伤害行为，并对其多次减刑和改造成效等问题提出强烈质疑。2020年12月7日，北京市第二中级人民法院依法公开开庭审理北京市检察院第二分院提起公诉的被告人郭文思涉嫌犯故意伤害罪一案。北京市高级人民法院于12月3日做出裁定，以郭文思所获减刑均系利用不正当手段获得、对郭文思减刑的裁定均确有错误为由，撤销对郭文思的9次减刑裁定，恢复对郭文思原判无期徒刑、剥夺政治权利终身刑罚的执行，所涉相关人员行贿案，公职人员受贿案、徇私舞弊减刑案也将开庭审理。2021年1月29日上午，北京市第二中级人民法院对北京市人民检察院第二分院提起公诉的被告人郭文思故意伤害案做出一审判决，以故意伤害罪判处被告人郭文思死刑，剥夺政治权利终身，与其前罪恢复执行的刑罚并罚，决定执行死刑，剥夺政治权利终身。

案例中郭文思本应因其故意杀人行为，接受严厉制裁，但却采取不正当手段前后9次获得减刑，最终获得大幅减刑，回归社会后仍然犯下危害他人生命的严重罪行。这实际上是相关司法机关错误地应用了负强化行为模式，在其危险行为并未得到有效的改造和矫正的情况下，就撤销了厌恶刺激（刑罚），存在巨大的重新犯罪风险，最终导致其再次危害社会的严重犯罪行为发生。因此，在运用负强化原理，引导公众回避风险行为时，要注意遵守负强化策略的使用原则。

一是要优先考虑采取回避反应。逃避反应与回避反应相比，前者更容易给社会大众带来伤害，而且公共安全事件是不适宜于通过逃避反应来实施教育的。因此应优先考虑选用回避反应。如通过安全演练加强疫情安全预防工作，有效建立师生及学校工作人员的规避风险行为。

二是在回避反应之前，要先借助逃避反应建立目标行为。尽管回避反应优于逃避反应，但逃避反应是一个必经的过程，即使之前经历的逃避反应与要建立的回避反应不是同一个情境下的，但却可以通过迁移的方法来获得。而如果公众在之前已经建立了逃避反应，则在此基础上要形成回避反应，就更容易些。下面的交通安全宣传中，利用鲜活的交通事故案例，可以帮助公众加强交通安全意识，通过负强化建立遵守交通规则的回避风险行为。

靖州县交通安全宣传案例

2016年3月24日，为提高广大交通参与者的交通安全意识，靖州公安局交警大队民警分组与相关乡镇普法司法所干警在藕团乡集镇、学校及渠阳镇街道社区、学校开展了大型宣传活

动。在每次的活动中，交通安全普法宣传人员都结合春季道路
交通管理工作的实际，以《中华人民共和国道路交通安全法》
和各类典型交通事故案例、"三超一疲劳"及涉牌涉证交通违
法行为整治的必要性为主要宣传内容，向广大交通参与者宣传
交通安全法律法规及日常交通安全常识，通过摆放因酒后、超
员、超速、超载驾驶等引发的典型交通事故案例展板，吸引众
多群众、学生驻足观看。

三是引起回避风险行为的条件厌恶刺激应该是强力厌恶刺激物
的信号。在回避反应下，条件厌恶刺激是引起回避的关键因素，但
条件刺激物只是信号，有时信号可能比较微弱，不能起到强有力的
刺激作用。因此在建立回避风险行为时，应选取强力厌恶刺激物的
信号，以对回避反应起到强有力的支持作用。图9-1所示的安全警
示标牌，仅以文字提示的厌恶刺激信号可能较弱，所以应多采用图
文结合的形式，展现行为结果的危险性。这增强了厌恶刺激信号的
强度，促使公众更大可能表现出回避风险的行为。

当心溺水　　当心爆炸　　当心吊物　　当心坠落

图9-1　安全警告标示

四是要谨慎使用厌恶刺激。在使用逃避反应方法时，要先对个
体创设厌恶刺激情境，厌恶刺激毕竟对个体有一定的负面影响，所
以应当尽量避免使用。如果要用，应抓住自然机会，而不是人为地
创设厌恶刺激情境。

五是可以通过观察别人的经历而学到回避风险行为。为了更
多、更快地建立回避风险行为，可以利用其他人由于客观原因而建
立逃避风险行为的过程，例如安全教育，通常采取对典型事例的介
绍、分析，使公众通过观察学习，直接建立回避反应。这样效率更

高，而且可以解决逃避反应的危险性问题。如6岁的曹洋就是通过以往观看的安全教育宣传片建立了应对地震的回避风险行为，最终在灾害中得以幸存的。

小学生安全教育事例

2018年，云南普洱市墨江县发生5.9级地震，在屋内天花板将掉落时，6岁的曹洋迅速从沙发跑到墙角，躲在冰箱和角柜之间的安全区域，等待安全后才逃出房间。男孩说，学校每年开学时都会进行安全教育和应急演练，宣传片中介绍：当地震来临时，如果不能立刻撤离到安全空旷区域，可就近寻找牢固的掩体，如桌子、床铺、柜子等，躲在掩体与地面之间形成的三角区域内，能一定程度防止被楼板、墙体砸伤。

二、榜样示范法

榜样示范法又称为模仿法，是指通过观察学习来增加、获得良好行为，减少或消除不良行为的一种行为引导方法。榜样示范法以班杜拉的社会学习理论为基础，该理论认为人类的很多行为是通过观察他人的行为，进行模仿而习得的。榜样示范法可以使公众直接获取正确应对和预防公共安全事件的行为，使其学习过程缩短，避免由于尝试错误和失败带来的负面情绪影响。运用榜样示范法实施安全行为教育，要求引导者提供恰当行为的示范，而社会大众通过观察榜样的行为来改善安全行为。榜样示范法的三个要素是楷模（示范者）、示范行为、公众（观察者）。

（一）榜样示范法的优点

通过模仿，既可以习得良好行为，也可以形成不良行为，而不管行为是好还是坏，总的来讲，模仿对于行为的影响可以分为增进与减弱两种效果。安全行为教育的目的是增强公共安全事件预防和应对的安全行为，并减少危险行为的产生，因此榜样示范法在下面两个方面可以起到积极的作用。

首先，榜样示范可以用来增强安全行为，也可以增强不安全行为。具体效果表现为：获得效果、促进效果和解除抑制效果。

获得效果是指公众通过观察楷模学到正确的安全行为。社会学习理论认为，个体的许多行为都是通过观察而获得的，而外在强化只有在个体表现出已经习得的行为后才能发挥作用。因此面对重大的公共安全事件时，从没有接触过类似事件的社会大众只能通过尝试错误的方式来寻找可能正确的安全行为。而通过榜样示范，可以使公众直接从榜样的行为上获得预防和应对公共安全事件的正确行为，这就是获得效果。例如对儿童进行安全行为教育时，以儿童熟知的动画或形象"兔小贝""宝宝巴士"等为主人公，制作安全教育系列动画，通过这些动画伙伴示范正确的安全行为，来帮助儿童掌握安全行为。

促进效果是指通过观察他人的行为结果，而使观察者增加了预防和应对公共安全事件的正确行为。在促进效果的作用下，一些原本公众就应遵守的安全行为，在特定情况下会变得更加频繁，如在突发地震、战争等困难的情境下人们表现出的互助行为；或在有影响力的人带头作用下大家纷纷解囊，参与慈善事业；还有通过学习雷锋助人的精神使青少年形成良好的社会行为等，都是榜样示范的促进效果在发挥作用。

解除抑制效果是指当公众看到示范者做出某一种言行之后，并没有受到任何相应的不愉快的惩罚时，公众以往表现同一类行为时所受到抑制的效果将被解除，致使该行为的表现愈加频繁。

其次，榜样示范也可以起到减少公众危险行为的效果。降低危险行为效果主要表现在对公众危险行为的抑制效果引起的模仿行为减少。抑制效果是指当公众看到示范者因表现某种不当行为而受惩罚时或引发公共安全事件时，他们本来常表现的这种危险行为也会倾向于减少。这种抑制效果表现为间接惩罚、间接消退、间接降低行为比例、不相容行为的示范法等。

间接惩罚是指如果公众观察到榜样表现出某种危害公共安全的行为而受到惩罚，公众以往经常表现的这种危险行为也会减少。尽管其自身并没有受到惩罚，但是观察学习中的示范者所受的惩罚，就如同他们自己承受的一样，起到了间接惩罚的作用。如为了加强对党员干部的教育，防范腐败发生，纪检部门经常组织警示教育，让因贪污受贿而落马的前官员现身说法，使在职的干部们对违法违纪行为产生抑制心理。这些都是利用了榜样示范法通过间接惩罚降低危险行为的抑制效果。

间接消退是指如果公众观察到榜样所表现出来的行为没有受到预想中的强化或是没能逃避公共安全风险，则原本想表现出来的行为也会受到抑制。与因观察到惩罚结果而抑制行为不同，间接消退是由于公众通过观察，发现示范者的行为没有得到强化，即不成功，而自己本也想用同样的行为去尝试，受示范者不成功的影响而使自己的这一行为也被抑制。例如在早期的一些火灾事件中，许多人会倒在紧急出口门前，其原因多是发现着火后，先前的人尝试推门却怎么都推不开，后来的人就以为这个门开不了而放弃了尝试，实际上这个门是向内拉开的设计。造成这一现象正是由于先前的人尝试打开门失败，间接消退了后来人开门的想法，抑制了他们尝试开门的行为。在发现这一情况之后，后来紧急出口的门大都改为向外推开的设计。

间接降低行为比例是指当公众观察示范者表现较为低频率的某种行为时，也受其影响而减少这种行为的出现率。在一些影视片中，主要角色表现出较低频次的风险行为时，观众会潜移默化地约束自己的行为，减少风险行为，如开车不饮酒、不闯红绿灯、进工地戴好安全帽等。还有讲述2020年初抗击疫情的电影《在一起》中，主角们表现的疫情期间不走亲、不串门、减少社交聚集、减少亲密接触等，也为公众起到了示范作用。

不相容行为的示范法是指如果公众要模仿的安全行为与其原有的危险行为不相容时，就势必要放弃原有的危险行为，学习新的安全行为。比如新闻报道中，公交车司机突发疾病或遭受创伤，却坚持将车停稳，保障全车乘客安全，避免了车辆失控造成灾难后果的发生。对于司机来说，在突发疾病或遭受创伤的情况下继续驾驶公交车，是一件十分危险的行为，但只有继续驾驶将车安全停靠才能保障乘客的安全。这时他们认知中原有的危险行为与当下更优的安全行为发生冲突，因此在危难时刻放弃了原有的危险行为认知，继续操控汽车安全停靠。还有在战场上，新兵看到激烈的战斗场面会退缩，但是等冷静下来，看到其他战友勇猛顽强，自己也逐渐克服了恐惧心理，勇敢地投入战斗。这也是符合模仿法不相容行为效果的。

由此可见，榜样示范法不仅可以用来增加安全行为，也可以减少危险行为，在重大公共安全事件安全行为引导与教育的应用中可以发挥这一优势，有效地降低和减弱公众的危险行为，引导公众形成正确的安全行为。

（二）榜样示范法的类型

公众观察学习的榜样可以是现实生活中真实的人物，也可以是电影、电视、小说中的人物。他们在模仿学习的过程中，可以单纯地观察示范行为，也可以边观察边模仿。因此，可以将榜样示范法分为现场示范、媒介示范、参与式示范和想象示范等四种类型。

现场示范，是将公众安排在要模仿行为的现场进行观察，通过观察有经验的个体正确表现安全行为而学习应对和预防公共安全事件的行为的方法。以有经验的人物为榜样，在现场进行示范，使观察学习的过程具有生动真实的特点。

如果被模仿的榜样与公众之间有一些相似之处，如年龄、性别、兴趣爱好等方面的共同特征，现场示范法的效果则会更好。这提示安全行为教育与引导要减少空洞的说教，在应用榜样示范法时，尽量选择与公众的特征较为接近的榜样，这样更有说服力，模仿示范的效果才会更佳。

现场模仿可以使公众观察到真实的行为，效果比较好，但操作起来较为复杂，且有些行为仅仅通过旁观是无法学习到的。因此也需要其他模仿形式加以补充。

媒介示范，也叫符号性示范，是采用多媒体方式，将正确的公共安全事件应对和预防行为直观地呈现在公众面前，激发其模仿动机的观察学习方式。这些媒介包括照片、录音、录像、文字说明等，可以取代真实的榜样来呈现示范行为。随着信息化的发展，越来越多的符号性模仿是通过现代信息技术或传播媒体来实现的。在行为治疗中，发挥多媒体的优势，可以使公众更直观、更快速地获取行为，并且这些学习资源可以反复使用，降低了安全行为教育与引导的成本。

例如在 2020 年新冠疫情期间，为加强公众自我防护意识，携手共同抗击疫情，各部门通过官方发布会、专家解读、宣传短片、名人号召，以及如图 9-2 所示的简易宣传海报等多种途径，向公众普及疫情防护的知识。此外，还有部分专业化的公众平台发布针对性的应对策略及建议，如一些心理工作平台推送《如何正确看待疫情》《疫情期间的自我心理调适》等文章，以及《重大传染病疫情残疾人防护指南（试行）》《重大传染病疫情残疾人防护社会支持服务指南（试行）》等指导性文件及解读。这些媒介都以不同的形式为公众做好疫情预防、更好应对疫情提供了示范与建议。

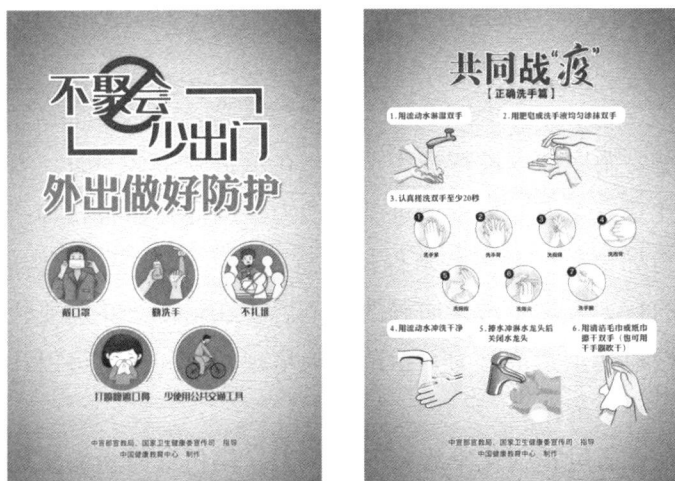

图9-2　疫情防控宣传小知识

参与式示范是指公众在引导者的指导下，一边观察真实榜样的行为，一边进行体验和模仿的过程。与被动式的观察学习比较，参与式示范效果更好。单纯让公众观察榜样的言行，公众只能通过间接的方式来学习应对和预防公共安全事件的正确行为，这种学习更多的是停留在认知层面，而没有转化为实际的安全行为模式。

想象示范是向公众描述公共安全事件的情境和条件，并说明正确的预防及应对行为，然后要求其想象有某一榜样人物（也可以是自己）正面临着这样的情景的过程。对于一些不太容易控制的场景，或者个体存在某些退缩行为、心理障碍等情况，可以采用想象示范的方式，通过言语诱导使个体产生对场景的逼真想象，然后设计一个公共安全事件情境，要求个体想象一个榜样如何应对，从而改进自身的安全行为。想象示范法可以避免将公众直接暴露在应激的状态下，在放松的状态下，根据引导者的提示展开想象，其想象越生动、形象越鲜明，训练的效果才越好。

（三）榜样示范法的使用原则

一是要选择好要示范的行为。首先，要有明确的目标行为，目标行为应当是可以被观察和测量的。其次，目标行为应是公众有能力模仿的，以避免过于困难而造成挫折感。最后，对目标行为的示范应尽可能分解为一个个小步骤，以适应普通大众的接受能力。

二是要循序渐进进行行为示范。在示范安全行为时，要确保公众集中注意力。专心可以增进学习动力，因此在示范行为之前应有明确的指导语，以激发公众保持注意，并主动观察要模仿的行为。所确定的行为经过了清楚明确的示范后，在示范终止前要暂停一会儿。缓慢地展示示范行为，示范行为呈现的时间充足可以让公众多点时间观看示范行为。

三是要通过正强化来维持安全行为。模仿学习也需要通过直接或间接的强化来确保公众正确模仿安全行为。如果得不到强化，正确的安全行为往往容易消失或不易经常出现。这就需要利用正强化的基本原则，确保所使用的强化物的有效性。在模仿学习行为开始时，每次正确反应之后需给予强化，但在行为已经学会之后，要改用间歇强化方式，最终过渡到自我强化或内在强化起作用，这样才能使公众巩固该行为。在进行强化时，引导者还要用指导语，具体说出行为与强化之间的关系，让公众清楚他的行为对在哪里，而不能笼统地给予夸奖。在模仿不成功时，要对错误的行为采取恰当的消减措施。

四是示范者要以身作则。示范者作为公众的榜样，自身不能有不当的安全行为，在对公众进行安全行为教育时也要确保不示范不良行为，否则会将错误的行为示范给公众，如造成恐慌、传播谣言等。

最后要记录公众行为的改善情况。在应用榜样示范法时，要明确地记录公众的进步情况，必要时，要改进模仿训练方案，以达到预期的目标。

参考文献

［1］董民，张大东．关于安全行为管理理论与实践的探讨［J］．国防科技，2011，32（4）：58-61．

［2］Kirwan B. Safety informing design[J]. Safety Science, 2007, 45(1-2): 155-197.

［3］陈鸿亭，刘胜华，刘长贵．海洋石油平台员工行为管理与心理调节研究［J］．胜利油田党校学报，2000（4）：89-93．

［4］邹巧柔，谢朝武．旅游者安全行为：研究源起与国内近十年研究述评［J］．旅游学刊，2013，28（7）：109-117．

［5］Lindell M K, Perry R W. The protective action decision model: Theoretical modifications and additional evidence[J]. Risk Analysis: An International Journal, 2012, 32(4): 616-632.

［6］周定平．社会安全事件特征的比较分析［J］．北京人民警察学院学报，2008（2）：47-49．

［7］莱德利，马克斯，汉姆伯格．认知行为疗法［M］．北京：中国轻工业出版社，2012：117-128．

［8］罗跃嘉，林婉君，吴健辉，等．应激的认知神经科学研究［J］．生理科学进展，2013，44（5）：345-353．

［9］李祚山，陈小异．行为改变技术［M］．北京：北京师范大学出版社，2013：39-41．

［10］李婷，朱婉儿，姜乾金．心理应激的生物学机制研究进

展［J］. 中华行为医学与脑科学杂志，2005，14（9）：862-864.

［11］风笑天. 社会学研究方法［M］. 北京：中国人民大学出版社，2005：52.

［12］姜乾金. 医学心理学［M］. 北京：人民卫生出版社，2002：73-75.

［13］吕艳. 基于马斯洛需求层次理论的煤矿矿工激励分析［J］. 经济师，2011（3）：240-243.

［14］张海波. 复杂性条件下应急管理的战略升级［N］. 学习时报，2015-12-21.

［15］张海波. 全面改革窗口期的信访制度改革［J］. 南京社会科学，2016（2）：77-85.

［16］张海波，童星，倪娟. 网络信访：概念辨析、实践演进与治理创新［J］. 行政论坛，2016，23（2）：1-6.

［17］Andrews-Hanna J R, Reidler J S, Huang C, et al. Evidence for the default network's role in spontaneous cognition[J]. Journal of Neurophysiology, 2010, 104(1): 322-335.

［18］Baldwin D A. The concept of security[J]. Review of International Studies, 1997, 23(1): 5-26.

［19］Cohen S, Janicki-Deverts D, Miller G E. Psychological stress and disease[J]. JAMA, 2007, 298(14): 1685-1687.

［20］Comfort L K.Coordination in rapidly evolving disaster response systems: the role of information[J]. American Behavioral Scientist, 2004, 48(3), 295-313.

［21］Eriksen H R, Ursin H. Subjective health complaints, sensitization, and sustained cognitive activation (stress)[J]. Journal of Psychosomatic Research, 2004, 56(4): 445-448.

［22］Fuehrlein B, Ralevski E, O'Brien E, et al. Characteristics and drinking patterns of veterans with alcohol dependence with and without post-traumatic stress disorder[J]. Addictive Behaviors, 2014, 39(2): 374-378.

［23］Goulden N, Khusnulina A, Davis N J, et al. The salience network is responsible for switching between the default mode network and the central executive network: replication from DCM[J]. Neuroimage, 2014, 99: 180-190.

［24］Lazarus R S, Folkman S. Coping and adaptation[J]. The Handbook of Behavioral Medicine, 1984: 282-325.

［25］Maunder R, Hunter J, Vincent L, et al. The immediate psychological and occupational impact of the 2003 SARS outbreak in a teaching hospital[J]. CMAJ, 2003, 168(10): 1245-1251.

［26］Morton J F, Ridge T. Next-generation homeland security: Network federalism and the course to national preparedness[M]. Annapolis: Naval Institute Press, 2014.

［27］Selye H. The stress of life[M]. New York: McGraw-Hill, 1978.

［28］Villarejo M V, Zapirain B G, Zorrilla A M. A stress sensor based on Galvanic Skin Response (GSR) controlled by ZigBee[J]. Sensors, 2012, 12(5): 6075-6101.

［29］Wang C X, Webster S. Channel coordination for a supply chain with a risk-neutral manufacturer and a loss-averse retailer[J]. Decision Sciences, 2007, 38(3): 361-389.

［30］李江中，蒋永光. 群体迷信活动中的集体精神障碍9例报告［J］. 新医学，1982（3）：130-131.

［31］刘岩芳，仇婷. 网络舆论暴力形成机制研究［J］. 传媒观察，2018（7）：30-35.

［32］赵海颖，李恩平. 基于群体心理资本对矿工个体不安全行为的跨层次影响研究［J］. 矿业安全与环保，2020，47（3）：115-120.

［33］Bales, R F. Personality and Interpersonal Behavior[M]. New York: Holt, Rinehart and Winston, 1970.

［34］Blackman L, Walkerdine V. Mass hysteria: Critical psychology and media studies[M]. London: Bloomsbury Publishing, 2017.

［35］Burgoon J K. Interpersonal expectations, expectancy violations, and emotional communication[J]. Journal of Language and Social Psychology, 1993, 12(1-2): 30-48.

［36］Folkman S, Moskowitz J T. Stress, positive emotion, and coping [J]. Current Directions in Psychological Science, 2000, 9(4): 115-118.

［37］Pennebaker J W, Beall S K. Confronting a traumatic event: toward an understanding of inhibition and disease[J]. Journal of Abnormal Psychology, 1986, 95(3): 274.

［38］Rodriguez L M, Neighbors C, Knee C R. Problematic alcohol use and marital distress: An interdependence theory perspective[J]. Addiction Research & Theory, 2014, 22(4): 294-312.

［39］Wessely S. Mass hysteria: two syndromes? [J]. Psychological Medicine, 1987, 17(1): 109-120.

［40］Cantor N. Life task problem solving: Situational affordances and personal needs[J]. Personality and Social Psychology Bulletin, 1994, 20(3): 235-243.

［41］Clary E G, Snyder M, Ridge R D, et al. Understanding and assessing the motivations of volunteers: A functional approach[J]. Journal of Personality and Social Psychology, 1998, 74(6): 1516.

［42］Finkelstein M A, Penner L A, Brannick M T. Motive, role identity, and prosocial personality as predictors of volunteer activity[J]. Social Behavior and Personality: An international journal, 2005, 33(4): 403-418.

［43］Snyder M, Omoto A M. Volunteerism: Social issues perspectives and social policy implications[J]. Social Issues and Policy Review, 2008, 2(1): 1-36.

［44］蔡宜旦，汪慧. 试论青年志愿者参与动机的引导和激励 [J]. 广东青年干部学院学报，2001（4）：30-34.

［45］邓国胜，辛华，翟雁. 中国青年志愿者的参与动机与动力机制研究 [J]. 青年探索，2015（5）：31-38.

［46］罗婧. 过程视角下的志愿动机——以青年支教志愿活动为例［J］. 青年研究，2019（1）：16-27.

［47］唐杰. 北京公众参与志愿服务动机研究［J］. 北京社会科学，2008（03）：57-63.

［48］景晓娟. 重大公共事件中青年志愿者利他动机的研究——以2008年北京奥运会青年志愿者为例［J］. 中国青年研究，2010（2）：51-54.

［49］杨秀木，高恒，齐玉龙，等. 大学生志愿功能动机与志愿行为：感恩品质的中介作用［J］. 心理与行为研究，2015，13（3）：354-360.

［50］胡珑瑛，董靖巍. 微博用户转发动机实证分析［J］. 中国软科学，2015（2）：175-182.

［51］方付建. 突发事件网络舆情演变研究［D］. 武汉：华中科技大学，2011，85-116.

［52］何旭. 情绪累积效应下网民群体情绪传播及干预研究［D］. 秦皇岛：燕山大学，2020，14-15.

［53］姜胜洪. 网络舆情形成与发展规律研究［J］. 兰州学刊，2010（5）：77-79.

［54］屈慧君. 突发公共卫生事件中微博信息转发意向研究［J］. 郑州大学学报：哲学社会科学版，2020，53（6）：6.

［55］祁凯，杨志. 突发危机事件网络舆情治理的多情景演化博弈分析［J］. 中国管理科学，2020（3）：12.

［56］马宗晋，吴琼，刘惠敏. 1975年海城地震较成功预报的经验和教训［J］. 中国应急管理，2008（6）：18-23.

［57］胡遵素. 切尔诺贝利事故及其影响与教训［J］. 辐射防护，1994（5）：321-335.

［58］邓明昱. 急性应激障碍与灾难心理危机干预［C］//国际中华应用心理学研究会，国际华人医学家心理学家联合会（International Association of Chinese Medical Specialists & Psychologists），中国

心理卫生协会煤炭分会．四川"5·12"地震后心理援助第二届国际论坛论文集，2009：62-68．

［59］甄珍，秦绍正，朱睿达，等．应激的脑机制及其对社会决策的影响探究［J］．北京师范大学学报（自然科学版），2017，53（3）：372-378．

［60］Frailing K. The myth of a disaster myth: Potential looting should be part of disaster plans[J]. Natural Hazards Observer, 2007, 31(4): 3-4.

［61］翁智刚，张睿婷，宋利贞．基于恐怖管理理论的灾后消费行为及群体归属感研究［J］．中国软科学，2011（1）：181-192．

［62］周利敏．重大灾害中的集体行动及类型化分析［J］．北京行政学院学报，2011（6）：97-102．

［63］罗国亮．灾害应对与中国政府治理方式变革研究［D］．天津：南开大学，2010．

［64］李美芳，欧金沛，黎夏．基于地理信息系统的2009—2013年甲型H1N1流感的时空分析［J］．地理研究，2016，35（11）：2139-2152．

［65］柴彦威，沈洁．基于活动分析法的人类空间行为研究［J］．地理科学，2008（5）：594-600．

［66］马超，运迎霞，马小淞．城市防灾减灾规划中提升社区韧性的方法研究［J］．城市规划，2020，44（6）：65-72．

［67］李爱农，张正健，雷光斌，等．四川芦山"4·20"强烈地震核心区灾损遥感快速调查与评估［J］．自然灾害学报，2013，22（6）：8-18．

［68］李华强，范春梅，贾建民，等．突发性灾害中的公众风险感知与应急管理——以5·12汶川地震为例［J］．管理世界，2009（6）：52-60，187-188．

［69］刘张，千家乐，杜云艳，等．基于多源时空大数据的区际迁徙人群多层次空间分布估算模型——以COVID-19疫情期间自武汉

迁出人群为例［J］. 地球信息科学学报，2020，22（2）：147-160.

［70］张桂杰. 群体心理学视域下网民群体行为和舆论引导研究［J］. 新闻研究导刊，2018，9（5）：49-50.

［71］单勇. 城市公共安全的开放式治理——从公共安全地图公开出发［J］. 中国行政管理，2018（5）：114-119.

［72］李明. 大数据技术与公共安全信息共享能力［J］. 电子政务，2014（6）：10-19.

［73］蓝佳栋."首问责任制"在客户服务中的作用［J］. 上海商业，2011（8）：56-59.

［74］方世南. 应对重大突发公共安全事件对国家治理提出哪些新任务［J］. 国家治理，2020（Z3）：55-58.

［75］孙录宝. 社会组织参与化解重大群体性事件和公共安全事件治理研究［J］. 社团管理研究，2012（2）：44-46.

［76］孙德梅，王正沛，康伟. 群体性事件管理的一个心理学视角——基于社会心态、社会行为理论的研究［J］. 华东经济管理，2014，28（2）：143-149.